AF345071

ESSAI

DE MÉTÉOROLOGIE

APPLIQUÉE A L'AGRICULTURE.

Ouvrage qui a remporté le Prix de la Société Royale des Sciences en 1774, fur cette Queftion :

Quelle eft l'influence des Météores fur la végétation? Et quelles conféquences pratiques peut-on tirer, relativement à cet objet, des différentes Obfervations météorologiques faites jufqu'ici ?

Annus fructificat, non terra.

PAR M. l'Abbé TOALDO, Prévôt de la Sainte Trinité, & Profeffeur d'Aftronomie, de Géographie & de Météorologie dans l'Univerfité de Padoue.

AVANT-PROPOS.

L'ACADÉMIE Royale des Sciences de Montpellier propofant ce Probléme : *Quelle eft l'influence des Météores fur la végétation? Et quelles conféquences pratiques peut-*

en tirer, relativement à cet objet, des différentes Obser-
vations météorologiques faites jufqu'ici ? embraffe,
comme l'on voit, deux queftions, l'une théorique,
l'autre pratique, vifant tout à la fois à augmenter les
connoiffances, & à en étendre les ufages pour l'utilité & pour le bonheur des hommes. Ce problême
bien réfolu, fatisferoit également à ce double objet:
mais, à ne pas le diffimuler, il paroît difficile d'y
réuffir pleinement; car, par rapport à la théorie,
la nature de la végétation & des météores, comme
de tant d'autres objets de Phyfique, nous eft au
fonds inconnue, & elle ne le fera peut-être que
trop long-temps. Pour ce qui appartient à la pratique, il eft à craindre que nous n'ayons point
encore une provifion fuffifante d'Obfervations Météorologiques, pour en tirer des règles bien fondées
pour l'ufage de l'Agriculture : néanmoins cette
illuftre Compagnie, toujours animée du noble zèle
de fon inftitution, invite les Philofophes à faire des
efforts.

J'avoue que lorfque, par hafard, je vis l'annonce
de ce Problême, j'en conçus un très-grand plaifir,
me flattant de voir à cette occafion quelque habile
Phyficien éclaircir une matière dont je m'amufe par
goût, & dont je m'occupe même par profeffion:
c'eft ce que j'efpere encore. Excité pourtant par
le même goût, quoique retenu par la connoiffance
de mes foibles lumières, ayant néanmoins en mon
pouvoir une fuite d'Obfervations Météorologiques, qu'il eft difficile de trouver ailleurs, & qui
doivent à mon avis former la bafe de la difcuffion
propofée par l'Académie (& elle - même le demande affez clairement), j'ai eu le courage d'ef-
fayer quelque chofe ; & quoique le temps fût très-

court (*a*), je me suis hâté de tracer cet *Essai de météorologie*, *appliquée à l'Agriculture*, qui semble répondre aux vues du problême, & que j'ose pour cela présenter à la Société Royale.

Je ne crois point avoir avancé dans la première Partie, des choses qu'un Physicien exercé & instruit n'eût pu manier également, & mieux que moi ; mais je me flatte d'avoir saisi dans la seconde Partie (qui regarde la pratique, & qui paroit être la plus importante), des résultats dignes de quelque attention, non par mes talents, mais à l'aide des observations : c'est justement à cause de la nouveauté de ces résultats que j'ai sujet de m'en défier ; & c'est pour cela même que je les soumets d'autant plus volontiers au Jugement d'un Tribunal si éclairé.

En toute autre occasion, il me seroit permis de demander grace sur l'imperfection de mon travail : mais en ce cas il n'y a pas lieu à la grace, & il doit être jugé seulement. Je me flatte qu'on pardonnera aisément à un Etranger les défauts de style, ou plutôt, les fautes de langue. Aussi l'Académie songera-t-elle plutôt à peser le sens intrinsèque des choses, qu'à l'*habillement* des mots (*b*).

(*a*) J'atteste que je n'ai eu aucune connoissance de ce problême avant le 22 Mars dernier (1774), lisant par hasard le Journal des Savans. Mes occupations ne me permirent de m'y appliquer qu'au mois de Mai ; & j'ai été même interrompu pendant quelques semaines. Quiconque, connoissant ce que c'est que composer un Traité, quel qu'il soit, réfléchira en particulier sur les travaux qu'exige la seconde Partie, à cause des tables, ne sera point étonné, à ce que j'espère, de l'imperfection de l'ouvrage.

(*b*) L'on a cru devoir mettre en lettres italiques quelques expressions contraires à l'usage ou au génie de la langue françoise, que l'Auteur a employees : la phrase en détermine toujours le

Au cas enfin que le jugement de la Société Royale me foit favorable (ce que je n'ofe guère efpérer), je lui offre de plus grands détails, des éclairciffemens, des tables, que j'ai indiquées dans la feconde Partie, qui feroient prefque néceffaires, & que ni le temps, ni certaines confidérations, ne me permettent point à préfent d'ajouter ici.

---

vrai fens La néceffité de ne point altérer le texte & l'aveu ingénu de l'Auteur, lui feront fans doute trouver grace auprès de la claffe peu indulgente des Lecteurs qui jugent un ouvrage de Phyfique fur les fautes grammaticales.

PREMIERE PARTIE.

Quelle eſt l'influence des Météores ſur la végétation ?

1. L'INFLUENCE des Météores ſur la végétation eſt ſi grande, que l'on peut dire en un mot, que ſans les météores il n'y auroit point de végétation. J'entends par météores, non ſeulement ce qui s'engendre dans l'air, les pluyes, les vents, les brouillards, &c........ mais l'élément même de l'air, avec ſes qualités générales, toutes les affections, les impreſſions, les émanations qui *lui peuvent venir* du Ciel, telle que la chaleur du ſoleil, &c........ Dans ce ſens, la liaiſon réciproque & la communication intime de la terre & de l'athmoſphère eſt frappante : car comme ſans les vapeurs & les exhalaiſons de la terre il n'y auroit point de météores dans l'air, de même ſans les météores la terre ne produiroit rien, au moins de vivant. Pour ſatisfaire au probléme propoſé, il faut développer, prouver & éclaircir cette dernière propoſition. Je traiterai donc dans cette première Partie, de l'influence que l'athmoſphère a ſur la végétation, 1°. Par ſes qualités générales : 2°. Par les météores particuliers : 3°. Par la diſtribution de ſes impreſſions.

CHAPITRE PREMIER.

De l'influence de l'Athmosphère sur la végétation par ses qualités générales.

2. LA préfence de l'air eft fi néceffaire aux animaux, & encore plus aux végétaux, que fans elle ils ne fauroient ni naître, ni vivre. Je dis *encore plus aux végétaux*, car le fétus fe forme & vit dans la matrice ou dans l'œuf fans refpirer, tandis que l'expérience nous a fait voir que plufieurs graines ne germoient point dans le vide, & que celles qui y germent périffent en peu de temps; mais fi on laiffe entrer l'air dans le récipient, celles qui n'avoient pas germé levent vîte, & prennent un prompt accroiffement. De même les plantes périffent dans le vide ou dans l'eau dépouillée d'air, comme les poiffons : au contraire, plufieurs femences germent fans terre, dans le fable, dans la limaille de fer, pourvu qu'elles jouiffent du bénéfice de l'air avec un peu d'humidité ; elles y croiffent, y profpèrent, pouffent des fleurs, donnent des fruits; comme on le voit dans les herbes, les plantes, les grands arbres, qui n'ont des racines que dans des murailles, même dans des lieux couverts, où certainement ils ne tirent leur aliment que de l'air. En général, on peut comprendre combien l'air contribue à la vie des plantes, fi l'on fait attention qu'il les environne & les preffe de toutes parts, qu'il les affecte par fon poids, par fon reffort, par fa chaleur, fon humidité, fa fechereffe, &c......
mais l'air contribue plus immédiatement encore à la

nourriture des plantes par les ſubſtances qu'il contient & qu'il leur fournit. Ceci mérite d'être mieux détaillé.

3. *Athmoſphère* ſignifie la ſphère des vapeurs & des exhalaiſons. Une prodigieuſe quantité de particules ſe détache continuellement de la ſurface des eaux, de toute la terre, de tous les corps, ſur-tout des végétaux & des animaux, par la chaleur du ſoleil, par les feux ſouterreins, par les fermentations, ſur-tout par l'action du fluide électrique : tous ces corpuſcules en s'élevant vont ſe mêler dans l'air, qu'Ariſtote appelle avec raiſon la grande mer, l'océan, où vont aboutir les courans de toutes les vapeurs & des exhalaiſons de la terre. Cependant, quoiqu'il ſe faſſe une confuſion immenſe de toutes ces matières volatiles dans ce grand cahos, l'on doit croire que chaque eſpèce de corpuſcule retient ſa propre nature, par exemple, les parcelles aqueuſes la nature de l'eau, les particules ſalines celle du ſel, &c....... & quant aux émanations des plantes, il eſt problable qu'elles retiennent non ſeulement leur nature végétale, mais encore le caractère propre de chaque plante : car, de même que l'on extrait par la Chymie les eſſences de roſe, de girofle, de menthe & des autres ſimples, en arrêtant par le couvercle de l'alembic les *eſprits* (c) qui ſe ſeroient échappés dans l'air, ainſi l'évaporation naturelle produit les mêmes effets, avec cette différence que les parties qui s'évaporent ſont en état de diſperſion dans l'air ; mais elles ſont de vrais *eſprits* (par exemple, de girofle, de

---

(c) L'Auteur entend par *eſprits*, les parties très-volatiles des corps.

menthe, &c........), comme ceux de l'opération Chymique. Les odeurs le prouvent, par exemple, lorsqu'à plusieurs milles de distance en mer, on sent les émanations des plantes aromatiques des Illes Moluques.

4°. On m'accordera au moins, ce que l'on ne peut pas nier, que toutes les parties les plus fines, les plus subtiles, les plus volatiles des plantes, *s'envolent* tôt ou tard dans l'air, soit par la transpiration continuelle, soit par leur dernière dissolution, & qu'elles y retiennent au moins une grande disposition à rentrer dans leur premier état d'être végétal, avec plus de facilité que d'autres matières étrangères, crues & indigestes.

5°. L'on m'accordera encore sans difficulté une autre chose ; c'est que chaque corps qui se nourrit, s'est nourri des substances qu'il contient ou dont il est composé, & qu'il est composé des substances, dans lesquelles il se résout par sa destruction finale.

6°. Je ne prétends pas que l'analyse Chymique puisse nous démontrer clairement tous les différens *ingrédiens* qui entrent dans la composition d'un corps naturel ou artificiel : notre art n'atteint peut-être pas à graduer les opérations, de manière à ne pas confondre les décompositions. Mais que l'on fasse la décomposition des plantes, & même celle des animaux par l'art Chymique, ou par la dissolution naturelle, les espèces *sommaires* des substances que nous en tirons sont les suivantes : 1°. Les parties épaisses d'une terre fixe, qui semble composer la base de tous les corps vivans ; 2°. Des parties subtiles & volatiles, sensibles au goût & à l'odorat, qui semblent être les véritables *formes substantielles*,

les

les *ames* des plantes, & qui étant légères & volatiles s'échappent toutes dans l'air; 3°. Beaucoup
d'eau : elle fert de véhicule aux parties fixes , &
de *gluten* aux parties volatiles : elle s'échappe la première; & fans cela il ne fe feroit pas de diffolution.
Je ne parle ni de l'air, ni du feu, qui fe fixent
probablement dans les plantes , & qui certainement font du *reffort* de l'athmofphère.

7. Maintenant , afin que les plantes puiffent
germer, croître & fe nourrir, il faut le concours
de ces élemens. Si la terre fournit les parties fixes,
la partie humide & fpiritueufe vient affurément en
entier de l'athmofphère , quoique peut-être dans
l'origine le cahos confus de la terre en fût la premiere fource.

8. Suppofons un fol épuifé par une longue fuite
de productions, comme il arrive enfin aux terreins
les plus fertiles ; voyons comment l'induftrie du
Cultivateur s'y prend pour y introduire de nouveau
la fertilité. Il y a deux manières d'ameublir &
d'améliorer les terres épuifées , les fumiers & les
labours.

9. Qu'eft-ce que fumer ou engraiffer les terres ?
C'eft y introduire une nourriture abondante &
propre aux plantes. Les fumiers la fourniffent :
voici comment. Les fumiers, de quelque efpèce
qu'ils foient, ne font que des fubftances des végétaux putréfiés ou confumés , telles que les cendres, la fuie des cheminées, les excrémens & les
parties des animaux (qui *en dernier reffort* fe nourriffent tous des végétaux), ou des terres compofées
des parties diffoutes des animaux & des végétaux,
comme la vafe des marais, les bourbes, les terreaux, &c.......

10. Les terres s'épuifent à force de nourrir des plantes : pourquoi ? C'eft qu'elles dépenfent peu à peu toute la fubftance propre à fe convertir en plante qu'elles contenoient. Cela feul fuffiroit, pour nous convaincre que toutes les plantes ne fe nourriffent point indifféremment de chaque terre & d'un fuc commun ; autrement la terre ne deviendroit jamais ftérile. Quoi qu'il en foit, elle ne fructifie plus , à moins qu'on ne lui reftitue les fubftances végétales qu'elle avoit perdues, ou d'autres femblables. Les fumiers contiennent ces fortes de fubftances, & fertilifent par-là les terres.

11. Mais les engrais ne feroient d'aucun profit à la terre fans les bénignes influences de l'athmofphère , c'eft-à-dire , fi la terre ne recevoit de l'air *l'humide & l'efprit* , qui font l'ame de la végétation. C'eft le but de l'autre partie de la culture, qui confifte à multiplier les travaux, à tourner , retourner , divifer , réduire en poudre les terres. Sans ces opérations les fumiers ne vaudroient prefque rien ; mais fans les fumiers les travaux feuls fuffifent pour rendre la terre féconde ; & il y a des fyftêmes célèbres d'Agriculture qui ne demandent que cela. En quoi confifte donc le bénéfice des labours ? Le voici.

12. La terre tournée , divifée & triturée reçoit d'abord mieux l'eau des pluies , des rofées , des brouillards , de la neige & des autres météores aqueux : en fecond lieu , elle abforbe infenfiblement les élemens féconds & les *efprits* répandus, comme on l'a déja prouvé , en fi grande abondance dans l'athmofphère. Je ne dirai pas que chaque efpèce de terre fixe attire l'efpèce d'*efprit* qui lui eft propre ; cela ne feroit pas abfurde, ces fortes

d'affinités étant très - connues ; mais il ne paroît
pas douteux que la terre ne fe charge de tous les
dépôts de l'air.

13. Si les labours opéroient feulement en atté-
nuant les terres, on pourroit les donner tous en
un jour, & cela fuffiroit. L'atténuation & la di-
vifion des terres eft à la vérité très - utile, afin
qu'elles puiffent bien *embraffer* les femences & les
racines, & donner un paffage facile à l'humidité &
aux fucs nourriciers : mais, encore un coup, la
feule atténuation ferviroit très - peu fans les influences de l'air, & les Laboureurs pareffeux auroient raifon de dire que *les planches de la charrue
n'engraiffent point les terres.* Or, les labours mul-
tipliés font avantageux, pourvu qu'il s'écoule entr'eux un certain intervalle de temps. Ce temps eft
néceffaire, afin que la portion de terre expofée à
l'air puiffe s'imbiber des *efprits végétaux* dont elle
manque. Dès que cette portion eft bien faturée on
la renverfe, & l'on expofe à l'air une autre portion, qui reçoit une bonification femblable, & ainfi
de fuite. Si l'on obferve que les fumiers même &
les terres fertiles, mais crues, fe préparent, fe
digèrent, & muriffent par l'action du foleil & des
météores, on avouera que la fécondité de la terre
dépend entièrement de l'athmofphère & des météores, qui en font les modifications.

14. Nous n'avons parlé jufqu'ici que de l'aliment
que les plantes attirent par le moyen des racines :
il faut parler maintenant de cette partie de nourriture qu'elles pompent immmédiatement dans l'air
par leurs pores, & leurs vaiffeaux abforbans dans
l'écorce & dans les feuilles fur-tout. Les obfervations de Mrs. Hales, Guettard, Bonnet, du Hamel

& autres Phyficiens, ne laiffent aucun doute là-
deffus. Je ne parle pas tant de la fubftance même
de l'air que les plantes infpirent par leurs trachées,
qui circule probablement avec les fucs, & qui fe
fixe peut-être dans la fubftance même des plantes ;
je parle de l'air, tel qu'il eft dans l'athmofphère,
c'eft-à-dire, un mélange de vapeurs & d'exhalaifons de toute efpèce, mais principalement des
matières végétales, la tranfpiration des plantes
étant, comme l'on fait, très - abondante. Les
plantes tirent donc de l'air un *humide fucculent &*
fubftantiel, qui les nourrit & les vivifie encore
mieux que le fuc de la terre. La rofée ne s'attache
certainement qu'aux feuilles, aux fleurs, à l'écorce ;
cependant elle fait un très-grand bien aux plantes :
un fimple rafraichiffement ne fauroit feul faire tout
cela. La rofée eft donc une nourriture délicate que
les plantes reçoivent par les orifices des feuilles
qui en font imbibées.

15. Le grand Newton penfoit que les plantes
abforboient, outre l'air & l'éther, les particules
du feu & de la lumière. M. Franklin & d'autres
Phyficiens font du même fentiment. Suivant ces
grands Philofophes, ces parties fpiritueufes reftent
fixées dans les plantes ; & c'eft d'elles apparemment que proviennent les odeurs & les faveurs
délicates des fleurs & des fruits.

16. Nous avons parlé jufqu'ici de la fubftance &
de l'aliment que les plantes tirent de l'athmofphère ; il faut dire quelque chofe du mouvement
qui eft également néceffaire à la végétation, &
que l'athmofphère même imprime aux fucs. J'ai dit
ci-deffus que le poids & le reffort de l'air doivent
contribuer au mouvement des fluides dans les

plantes : mais la chaleur & le froid, en produifant
une alternative de raréfaction & de condenfation
dans l'air & dans les fluides même des plantes, y
doivent contribuer d'une manière plus marquée.
Cette alternative prépare les fucs dans la terre ; le
corps fpongieux des racines les abforbe ; la chaleur
du jour les raréfie, & par cela même les déplace ;
la fraîcheur de la nuit les condenfe & facilite
l'introduction d'autres liqueurs : enfin, cette alternative égale de dilatation & de contraction dans
les canaux des plantes, y établit une efpèce de
mouvement, foit périftaltique, foit de diaftole &
de fyftole qui avance le mouvement, & peut-être
la circulation des fluides dans tout le corps des
plantes.

17. En effet, nous voyons que lorfque la tié-
deur du printemps commence à fe faire fentir, la
sève fe met en mouvement ; ce qui produit bientôt
le développement des feuilles, des germes, des
fleurs, des boutons. A mefure que la chaleur
augmente, l'accroiffement des végétaux & de
leurs productions augmente auffi, s'il y a une fuffifante humidité. La chaleur brûlante de l'été, foit
qu'elle augmente trop la tranfpiration ou qu'elle
diffipe l'humidité de la terre, foit qu'il n'y ait
alors que dilatation fans contraction, fufpend la
végétation, qui ne fe ranime que vers le milieu du
mois d'Août, lorfque la fraîcheur des nuits & les
rofées abondantes ramènent l'alternative de raréfaction & de condenfation. Cette condenfation,
qui va croiffant, à caufe du froid de l'automne,
fait languir la végétation, qui refte enfin fufpendue
prefque entièrement pendant tout l'hiver. En un
mot, l'on obferve que les productions de la terre

font avancées ou retardées felon la température de l'air.

18. Mrs. Hales , du Hamel & plufieurs autres Phyficiens, ont conftamment obfervé que rien n'eft plus favorable à la végétation que la chaleur accompagnée d'humidité. La chaleur donne le mouvement, l'humidité fournit la matière. Une telle conftitution a lieu dans les temps couverts , pluvieux, variables & orageux. C'eft que dans ces temps-là l'alternative de raréfaction & de condenfation eft plus forte & plus fréquente , avec un mélange de chaleur & d'humidité , & qu'il y a une plus grande quantité de matière électrique dans l'athmofphère; de quoi je parlerai bientôt. Les plantes prennent alors plus d'accroiffement dans une femaine , même dans un jour , que dans un mois en d'autres circonftances.

19. L'électricité femble être un cinquième élément plus fubtil, plus pénétrant, plus actif que tous les autres, même que le feu. Circulant entre la terre & l'air (peut-être entre la terre & les aftres), elle eft le principal inftrument de tout ce que la nature produit dans l'air & dans la terre. Il faut avoüer qu'avant la découverte de l'électricité, l'on ne comprenoit prefque rien à la formation des météores : elle contribue à l'ouvrage de la végétation, peut-être plus que la chaleur & l'humidité; & cela de deux manières.

20. 1°. En ce que le feu électrique (ayant des fources inégales & variables, foit dans l'air, foit dans la terre , arrêté fouvent par des corps réfiftans, pendant qu'il fe porte impétueufement fur les déférens, & tendant toujours à l'équilibre entre l'air & la terre, entre un nuage & l'autre)

produit tous les météores ignés & même les aqueux qui font fi néceffaires à la vie des plantes. 2°. Par la propre action, en pénétrant & en agitant les fluides & les folides de tous les corps vivans ; en excitant fur-tout la circulation des fluides dans les petits canaux ou tubes capillaires des plantes, de même que la tranfpiration fenfible & la tranfpiration infenfible, d'où dépend le bon ou le mauvais état des végétaux & des animaux (d). Or, il eft certain que dans les temps changeans, pluvieux & orageux, l'Athmofphère donne les plus vives marques d'électricité : c'eft alors que l'on éprouve tant de difficulté à concentrer le feu électrique dans nos machines, parce qu'il eft abforbé par les vapeurs humides de l'air : c'eft alors que tous les corps fe trouvent dans une efpèce de fermentation & d'agitation intérieure ; les uns contractent de l'humidité, les autres fe defsèchent, parce que le feu électrique donne ou ôte aux corps, fuivant leur différente nature, la fubftance & le mouvement. Les animaux, les oifeaux fur-tout, fenfibles aux plus legers mouvemens de l'air, font alors très-agités, tantôt triftes, tantôt gais, à mefure

---

(d) Primamente, il Sign. Maimbray a Edimburgo elettrizò due mirti, per tutto il mefe d'Ottobre 1746, ed offervò, che vegetarono più prefto de' mirti compagni non elettrizati ; dal che eccitato il Sign. Abbate Nollet provò, e vide appuntare più prefto i femi in un vafo elettrizato ; e circa lo fteffo tempo il Sign. Jallabert, il Sign. Bofe, il Sign. Abate Menon fecero fperienze fimili ; e primamente il Sign. Jallabert notò, che l'elettrizamento, mentre promovea la vegetazione, promovea fimilmente la evaporazione, lo che vedea facilmente pefando le caraffe pienne d'acqua, fulle quali avea pofte le cipolle di diverfi fiori, e confrontandore i pefi refidui delle non elettrizzatte. (P. Beccaria, Elettrifmo artificiale, p. 277. fec. Ediz.)

qu'ils acquièrent ou qu'ils perdent ce feu qui les anime. Les plantes mêmes donnent des marques visibles de changement extérieur, par l'altération *de leur machine.*

21. C'eſt de là peut-être que dépend en grande partie le progrès rapide de la végétation, qui a lieu dans les temps changeans & orageux. On doit remarquer que dans ces temps-là les arroſemens mêmes deviennent plus efficaces & plus avantageux aux champs & aux prairies, qu'en d'autres temps ; & c'eſt encore une choſe bien digne de remarque, que les plantes aquatiques, quoiqu'elles demeurent toujours ſous l'eau, reſſentent pourtant elles-mêmes le bénéfice des pluyes. Ce ſont deux phénomènes que l'on ne ſçauroit expliquer que par le moyen du feu électrique qui pénètre & anime l'eau, & qui ſe développe avec plus de force & d'abondance dans le temps de pluye.

Voilà ce que j'avois à dire de l'influence générale de l'athmoſphère ſur la végétation : il faut faire voir maintenant l'influence particulière de chaque eſpèce de météore.

CHAPITRE II.

De l'influence de chaque eſpèce de Météore.

§. I. Des Vents.

22. LEs Vents ſont des courans d'air, dont l'effet eſt de rétablir l'équilibre interrompu entre deux eſpaces de l'athmoſphère, par la raréfaction ou la condenſation ſurvenue dans l'un ou dans l'autre.
Ce

Ce font, pour ainfi dire, les vents *fimples*, tels qu'on les *prend* communément aujourd'hui parmi la plûpart des Phyficiens. Pour moi, je crains qu'on n'ait trop légèrement abandonné l'ancienne opinion (comme bien d'autres) qui jugeoit les vents produits par une efpèce d'explofion d'exhalaifons. Nous voyons que les vents foufflent tantôt inégalement, tantôt avec interruption, tantôt par tourbillon : comment peut-on concilier ces phénomènes avec une fimple tendance à l'équilibre ? Chaque vent, par cette raifon, devroit fouffler le plus violemment dès fon *principe*, enfuite baiffer peu-à-peu, comme fait l'eau qui court pour remplir quelque récipient ; par exemple, dans les éclufes des canaux. Comment un vent pourroit-il durer une ou plufieurs femaines ? Car deux fluides fe mettent en équilibre en peu d'heures, pourvu qu'ils communiquent librement entr'eux. J'avoue que je penche à croire que la plûpart des vents, fur-tout ceux qui ont quelque force, ne font que des maffes d'air pouffées par l'éruption des exhalaifons & des vapeurs, foit qu'elles fortent des cavernes de la terre, ou des lacs, ou des mers, ou des nuages conglobés, dont l'explofion forme les orages & les ouragans. Les vents commencent comme les torrens par de petits ruiffeaux ; ils acquiérent en chemin plus de maffe & de force, entraînant les corpufcules qu'ils rencontrent, & les conglommérant avec le fluide élaftique & très-mobile de l'air. J'ai vu plus d'une fois, après un brouillard épais du matin, fe former un ouragan l'après midi, & il règne toujours des vents durant la fonte des neiges au printemps. Un vent furieux peut être produit auffi par un torrent de feu électrique, foit qu'il s'élance de la terre ou d'un amas de nuages. Semblable au tonnerre , mais *embarraſſé* dans un grand nombre d'exhalaiſons , & luttant avec elles, il parcourt les eſpaces avec moins de rapidité que la foudre , mais avec des effets ſemblables. Tels ſeront ſur-tout les ouragans & les tourbillons d'été. Qu'il y ait au moins beaucoup d'analogie entre le vent & le tonnerre, cela eſt indiqué par l'obſervation que j'ai faite, que les orages accompagnés de vent font un bruit continuel , mais ſans éclats ; au contraire les orages ſans vents abondent en coups de tonnerre.

23. Quoiqu'il en ſoit, les vents comme les autres météores, font du bien & du mal à la campagne , ſuivant leur nature, leur force, leur durée, le temps, & d'autres circonſtances. Les qualités des vents , autant qu'ils viennent d'un certain rhumb, ne ſauroient ſe définir que par rapport à un pays déterminé. Le vent du nord qui apporte en Lombardie le ſerein, le froid , le ſec, conduit les nuages en Hollande. Chaque Cultivateur doit connoître dans ſon pays , la nature , la qualité , la durée , & les autres propriétés des divers vents. *Ventos, & varios cœli prædiſcere mores.*

24. Les vents ont la propriété de deſſécher les corps. S'ils contiennent des *eſprits* ſalins, des matières cauſtiques & autres ſemblables, ils brûlent les tendres plantes, les germes , les fleurs, les fruits ; ils font même préjudiciables aux corps des animaux, peut-être par quelque miaſme contagieux, ou en arrêtant la tranſpiration ; ils produiſent la neige , la gelée , la grêle.

25. Mais les bons effets des vents font peut-être en plus grand nombre. En agitant les arbres , ils

aident la circulation des fucs, les fecrétions, la tranfpiration; car le vent eft aux plantes ce que la promenade, l'exercice eft aux animaux. Les vents balayent l'athmofphère, ils diffipent les vapeurs & les exhalaifons croupiffantes; ils apportent un air frais & nouveau, & raniment par là les plantes qui fouffrent beaucoup quand elles font privées de ventilation. Si l'air, comme il eft probable, contient un acide nitreux très-propre à la végétation, le vent du nord en eft chargé, ce qui fait croire qu'il fertilife les terres. Les vents de mer tranfportent à de très-grandes diftances dans les continens, les vapeurs & les nuages, & conféquemment les pluyes fi néceffaires à la terre. L'on peut ajouter auffi, que les vents décident de tous les météores : Ils font, pour ainfi dire les maîtres de la terre & du ciel; car l'état du ciel eft tel que les vents le font.

26. Les ouragans même, malgré la défolation qu'ils caufent, fertilifent cependant les terres, & c'eft une opinion reçue aux Antilles, qu'ils produifent des recoltes abondantes, foit qu'en ébranlant les terres ils en développent les fubftances fécondes, foit qu'ils en apportent eux-mêmes.

27. Je crois qu'on doit aux vents un autre avantage, c'eft la fufpenfion où l'éloignement des tremblemens de terre, & comme je le difois, des foudres. Les tremblemens de terre ne règnent d'ordinaire qu'au temps de calme, parce que le feu électrique, moteur des vents & de ces deux phénomènes, lorfqu'il fe déploie dans les uns, ne fauroit fe déployer dans les autres, fi ce n'eft par hazard, lorfqu'il s'en eft formé un grand amas capable de produire un typhon mêlé de vent,

de feu , de tremblement de terre ; ce qui eſt bien rare.

§. II. *Des Météores aqueux en général.*

28. La chaleur naturelle de la Terre & celle du Soleil, en pénétrant & en agitant l'eau & les corps humides , en détachent des particules, leſquelles jointes au feu , en forme de veſicules, ou d'une autre manière, acquiérent une légereté qui les fait élever dans l'air. Ce ſont les vapeurs , la matière de tous les météores aqueux. Il faut , à mon avis, diſtinguer ici deux degrés ou deux temps d'évaporation : L'une eſt ordinaire & continuelle ; les vapeurs ſe répandent *ſubtilement* & inſenſiblement dans l'athmoſphère , en s'incorporant avec l'air dans un état de parfaite diſſolution, & en y ajoutant leur maſſe & leur poids , elles ſoutiennent le mercure dans le Baromètre, plus haut, comme l'on voit dans toutes les ſaiſons , lorſqu'il fait *beau & conſtant.*

L'autre eſt une évaporation extraordinaire & plus abondante , qui arrive en certain temps par une éruption plus impétueuſe de fluide électrique. C'eſt alors que l'air devient humide & qu'il humecte preſque tous les corps. Cette quantité de vapeurs qui s'élève par une eſpèce d'éjaculation, ne ſauroit ſe ſoutenir long-temps : Elles ſe joignent aux vapeurs précédemment diſperſées dans l'air , même par affinité , s'aſſemblent , forment les nuages & les pluyes de la manière que j'expoſerai bientôt ; cependant elles font baiſſer le Baromètre , 1°. Parce qu'elles portent dans l'air un fluide ſpécifiquement plus léger, à cauſe du feu qu'elles contiennent; 2°. Parce qu'elles échauffent & raréfient l'air même ; 3°. Parce qu'elles détachent les vapeurs précédemment incorporées avec l'air, & qu'elles le déchargent par là d'un poids.

29. Quoiqu'il en soit, la formation des météores aqueux par les vapeurs, se fait à peu-près de cette manière. Celles qui se trouvent le soir peu élevées ou qui s'élèvent la nuit, *surprises* par la fraîcheur de l'athmosphère, & jointes aux émanations des plantes, se condensent, tombent, & forment, en s'attachant à la surface des corps, ce qu'on appelle la rosée.

30. Lorsque la terre est échauffée, le feu s'élance avec plus de force dans l'eau & dans les corps humides, il en détache des masses plus denses de corpuscules aqueux ; les vapeurs alors deviennent visibles ; & en rencontrant un air plus frais, surtout en automne, dans l'hyver, & généralement le matin dans les lieux voisins des Lacs, des Marais, des Rivières, elles forment ces grands amas de fumée qu'on appelle *brouillards*, qui ne s'élèvent guères au-dessus de la terre que le Soleil ne les raréfie. Les brouillards ne sont que des nuages bas : ceux qui voyagent sur les montagnes, croyent traverser des brouillards, en passant par les nuages.

31. Quand l'évaporation extraordinaire a élevé une plus grande quantité de vapeurs, ou que les vents en ont amassé dans les autres parties de l'athmosphère, elle se condensent, deviennent visibles, troublent ou interrompent la pellucidité de l'air, forment en un mot les *nuages* plus ou moins denses, étendus, élevés, suivant la quantité & le poids spécifique des vapeurs.

32. Lorsque ces vapeurs se condensent de plus en plus, ou qu'il en survient de nouvelles, elles s'unissent, forment des masses plus pesantes qui ne peu-

vent plus fe foutenir , & qui tombent conféquemment en forme de petites gouttes , qui en croiffant
toujours par la rencontre d'autres vapeurs , forment
la *pluye*. C'eft du choc de deux vents contraires ,
ou de celui que le vent éprouve par l'effet d'un
nuage ou d'une montagne , que provient l'amas des
vapeurs. Leurs molécules étant devenues plus den-
fes , elles acquièrent à proportion une fuperficie
moindre , & peuvent par conféquent divifer plus
aifément l'air , qui ne peut plus les foutenir. Cela
provient peut être auffi de ce que le feu qui les
abandonne , fe jette dans d'autres nuages ou dans
les montagnes , qui font en général les fources des
pluyes. Enfin , d'une manière ou d'autre , les vapeurs tombent en pluye.

33. Suivant la différence des faifons , fi un certain degré de froid concourt avec quelque efpèce
de *coagulum* falin , les vapeurs fe gelent , les rofées
deviennent des *gelées blanches* , les brouillards des
frimats , les pluyes de la *neige* ou de la *grêle*. Voilà
en général la formation des météores aqueux.
Voyons à préfent l'influence de chacun fur les végétaux.

§. III. *De l'influence des pluyes.*

34. Perfonne n'ignore combien l'humidité eft néceffaire à la vie des végétaux ; & quoiqu'on ne
puiffe pas accorder à Vanhelmont , & à d'autres
Phyficiens , que les plantes ne fe nourriffent que
d'eau pure , il faut avouer cependant , qu'elle entre
pour beaucoup dans la nourriture des plantes , foit
qu'elle en foit le véhicule , ou qu'elle en foit une
portion. Or , les plantes ne boivent d'autre eau que

celle qui eſt fournie à la terre par les météores.

35. On doit remarquer que nul arroſement artificiel, quelque préparation que l'on donne à l'eau,
ne fait jamais autant de bien aux plantes qu'une
pluye bénigne. Admettons les circonſtances favorables du ciel nébuleux, & du fluide électrique : le
principal bénéfice des pluyes provient, ſur-tout,
de ce que leur eau n'eſt pas de l'eau pure, mais une
eau compoſée du mélange de toutes les ſubſtances
qu'elle entraîne dans l'athmoſphère. Il eſt évident
que la pluye, ſemblable aux torrens (qui emportent & charrient les feuilles, les fumiers, les matieres pourries qu'ils trouvent dans les vallées),
lave pour ainſi dire l'athmoſphère, entraîne toutes
ſortes d'exhalaiſons huileuſes, ſalines, minérales,
végétales, diſperſées dans l'air ; & cette partie de
terre, la plus fine & la plus diſpoſée à entrer dans
les tubes capillaires des plantes par la voie des racines & des feuilles mêmes. M. Duhamel ne paroît
guères perſuadé de cette qualité de l'eau de pluye ;
mais elle eſt démontrée par ſa couleur trouble, par
l'odeur, par le goût, par les ſédiments noirs ou verds
qu'elle dépoſe dans les vaiſſeaux ; ce qui arrive, ſur-
tout, après de longues ſéchereſſes, & dans les
lieux abondants en exhalaiſons, tels que les grandes Villes. C'eſt alors, ſur-tout, que l'eau de pluye
eſt fétide, mal ſaine pour les animaux, mais d'autant plus utile & nourriſſante pour la terre, & pour
les plantes (a).

(a) M. Prieſtley (*obſ. ſur diff. eſpeces d'air, tranſ. phil.*) a démontré que l'air corrompu par la putréfaction des animaux & des
végétaux, ſe reſtaure & ſe purge par la ſuccion des plantes qu'on
y renferme. Jamais, dit il, je ne vis en d'autres circonſtances une

36. M. Margraff, célèbre Chymiste de Berlin, a fait l'analyse de plusieurs eaux, sur-tout de celle de pluye & de neige. Il faut voir dans son Mémoire tous les soins qu'il a pris pour avoir l'eau la plus pure ; il choisit pour la recueillir un lieu ouvert loin des habitations ; il laissa passer une demi journée de pluye, &c.... Après tant de précautions, ayant distillé plusieurs fois cette eau, il y trouva enfin, une quantité sensible de terre calcaire, de nître, de sel commun, &c.... Que penserons-nous donc des pluyes d'été, lorsque l'athmosphére est chargée de tant d'exhalaisons ? C'est cette lie que la pluye contient, qui fertilise la terre & les végétaux ; car, suivant l'expérience & le commun sentiment des Maîtres en agriculture, c'est dans les sels, dans les nîtres, dans les terres calcaires que consiste la force de la fécondation. Les pluyes contiennent donc tout ce qui est nécessaire aux plantes pour végéter, des parties solides & fixes, des *esprits*, & de l'eau qui est le véhicule & le gluten de ces deux éléments. Enfin, les pluyes font plus

---

végétation si vigoureuse qu'en cette espece d'air qui est immédiatement fatal aux animaux. Quoique ces plantes fussent très-serrées dans les vaisseaux pleins de cet air, chaque feuille étoit très-vivace, & elles poussoient des germes nouveaux. J'en tire une conséquence bien plausible, c'est que la corruption qui se communique continuellement à l'athmosphère par la respiration d'un nombre si prodigieux d'animaux, & par la putréfaction de tant de substances animales & végétales, est corrigée en grande partie par la végétation générale. D'où l'on peut comprendre pourquoi les plantes voisines des habitations, végétent & prospèrent plus que les autres, & combien il est utile (c'est une remarque de M. Franklin) d'entretenir des arbres autour des maisons, comme on le pratique dans l'Amérique Angloise, & des végétaux même dans les chambres. *Cette note appartient également au n°. 14.*

ou moins favorables ou préjudiciables , fuivant leur abondance , leur fréquence , la faifon & le temps où elles tombent ; circonftances dont je parlerai dans le Chapitre fuivant.

§. IV. Des Rofées.

37. Dans les nuits calmes & fereines , les vapeurs peu élevées le foir tombent, comme on l'a déjà dit, en rofée. Elle eft très-fréquente dans les lieux bas , humides, renfermés, rare ou même nulle dans les lieux élevés & expofés au vent; elle n'a prefque jamais lieu en été , la chaleur de l'air étant alors la même pendant la journée , même pendant la nuit ; mais elle abonde au printemps & en automne.

38. La rofée n'eft pas une eau pure, non plus que la pluye ; elle contient beaucoup de parties hétérogènes qui s'exhalent de tous les corps , fur-tout des herbes & des autres plantes abondantes en fuc aqueux ; elle fe confond même avec leur tranfpiration. La rofée diftillée, fuivant M. Muffchenbroeck, donna outre l'eau , du fel , de la terre , de l'huile , du fouffre ; de là fes effets falutaires ou nuifibles. L'on doit voir combien elle eft cauftique , puifqu'elle blanchit la cire , le lin , les toiles ; elle altère la couleur des draps , elle brûle les fouliers & les peaux ; non-feulement elle purge & réfout les corps, mais même elle caufe de mortelles dyffenteries aux Brebis , &c. . . Elle brûle auffi quelquefois les tendres plantes & les germes , foit par fon acreté faline , foit quand elle eft exaltée par un vent brûlant ou par le Soleil. Si elle fe deffèche fur les feuilles , elle forme la *miellée* , efpece de *rouille* très-nuifible, parce qu'elle corrode en partie les plantes , & qu'elle en ferme les pores.   D

39. La rofée, fi l'on excepte les dangers dont nous venons de parler, étant une eau compofée de plufieurs fubftances fines, volatiles, & proprement végétales, peut être très-féconde, car elle apporte un raffraîchiffement, une boiffon, une nourriture choifie aux plantes, & elle fertilife les terres par les mêmes élémens (dans certains climats même, elle tient lieu de pluye); c'eft un des principaux bénéfices des labours : *glebas fœcundo rore maritat.* La rofée eft plus féconde que la pluye, comme la pluye l'eft plus que l'eau commune.

§. *V. Des Brouillards.*

40. Les brouillards proviennent d'une évaporation extraordinaire & très-denfe ; c'eft pourquoi ils dégénèrent en nuages, & enfin en pluye lorfqu'ils reviennent pendant deux ou trois matins confécutifs, & qu'ils s'élèvent. Il y a pourtant des brouillards qui defcendent de l'athmofphère, & ceux-ci amènent le plus fouvent le beau tems, n'étant eux-mêmes que les dépôts & les fédimens des nuages : *at nebulæ magis ima petunt, campoque recumbunt.*

41. Ni les uns ni les autres ne font de fimples vapeurs, mais ils contiennent plus ou moins d'exhalaifons terreftres, ce qui eft prouvé par leur puanteur : ainfi les brouillards fertilifent les terres comme les cendres & les autres fumiers ; d'où il eft dit dans les Pfeaumes dans un vrai fens phyfique : *nebulam ficut cinerem fpargit.*

42. Nul temps n'eft plus favorable aux labours & aux femailles que ces matinées où règne un brouillard épais & ftillant, qui baigne & échauffe doucement les fillons.

43. Au contraire, aux mois de Mai & de Juin, fi les brouillards s'attachent aux blés & aux fruits, s'ils s'y arrêtent par le défaut de vent, ou s'ils y font furpris par un vent brûlant, par l'ardeur du Soleil, & s'ils viennent à fermenter, ils font un grand dommage. De là provient la *rouille* que la Lombardie éprouva en 1735, & que M. Muratori a décrite dans les Annales d'Italie ; elle fut produite par un brouillard élevé le matin du 14 Juin, qui fut fuivi d'un vent brûlant & hâleux. Cela caufa une difette & une famine notables dans toute cette contrée.

44. Les brouillards d'automne hâtent quelquefois la maturité des raifins ; mais s'ils font fréquens & fans vent, il les font pourrir.

§. *VI. De la Neige.*

45. Quand un nuage commence à fe fondre, fi un certain degré de froid concourt avec quelque efpèce de *coagulum* falin, les petites gouttes fe gélent, & furtout s'il y a un peu de vent, elles fe joignent les unes aux autres, & forment les floccons de neige de diverfes figures, la plûpart régulieres.

46. Ce n'eft pas ici le lieu d'examiner fi la gelée eft produite par le froid feul, ou par une fubftance faline ou nitreufe avec le froid. J'avoue que je penche vers cette derniere opinion, foit que les fubftances falines coagulent immédiatement l'eau, ou qu'elles abforbent le feu qui la rendoit fluide. Il me fuffit à préfent de dire que l'eau de neige comme celle de pluye n'eft pas pure, mais qu'elle contient des parties hétérogènes, terreufes, huileufes, fulphureufes, falines, &c.... Je citerai pour mon ga-

rant M. Margraf. » Mes cent mesures d'eau de nei-
» ge, dit-il, (Mém. de Berlin 1751) me donnè-
» rent 60 grains d'une véritable terre calcaire....
» J'en tirai de même quelques grains de sel, qui te-
» noit plutôt du sel de cuisine que du sel nitreux...
» Toute la différence entre l'eau de pluye & l'eau
» de neige se réduit à ce que l'acide de l'eau de
» pluye est plus nitreux, & qu'elle renferme plus
» de terre calcaire, au lieu que l'eau de neige a plu-
» tôt un acide salin que nitreux, & contient une
» moindre quantité de terre calcaire «.

47. Voilà pourquoi l'eau de neige a une certaine
vertu abstersive, même mordante & dissolvante ;
voilà pourquoi lorsqu'on la boit, elle nuit comme
l'eau de mer à l'estomac & aux intestins, & qu'elle
cause des dévoyements, des coliques, des dyssen-
teries ; mais par cela même elle est admirable pour
fertiliser les champs. M. Margraf ajoute bien à propos : » Mes expériences me procurèrent une parfaite
» conviction, que l'eau de pluye & de neige, même
» la plus pure, contenoit, outre des parties muci-
» lagineuses & huileuses, & un peu d'acide, une
» certaine terre aussi qui avoit une extrême ressem-
» blance avec la terre calcaire. Aussi n'est - il pas
» difficile de comprendre que les exhalaisons aqueu-
» ses, mêlées avec un acide subtil du nitre & du
» sel, en quelque petite quantité que ce soit, peu-
» vent dissoudre cette poussiere calcaire, qui est
» le plus souvent dans l'air, & qui se détache des
» vieux édifices ruinés, & d'autres endroits sem-
» blables. Il en résulte une espece de solution cal-
» caire très-déliée, formée par le mélage de quan-
» tité de vapeurs aqueuses, qui s'élèvent plus haut
» dans l'air, & se rassemblent dans les nuées, d'où.

» lorfqu'il vient à pleuvoir ou à néger, elle peut
» retomber, comme une folution calcaire extrême-
» ment déliée. «

48. En appliquant tout ceci à l'objet de l'agriculture, ce font ces fels, ces nitres, ces huiles,
ces mucilages, cette terre calcaire, comme on l'a
dit tant de fois, qui forment la fleur des fucs nutritifs
des plantes. C'eft pourquoi les herbes fous la neige
reverdiffent fur le champ, comme au printems; &
quand les hyvers font abondans en neige, on a
d'ordinaire de bonnes récoltes, pour peu que les
autres faifons foient favorables.

49. La neige procure un autre avantage aux blés;
elle les défend du froid & de la gelée. Si la neige
devance les gelées, il n'y a rien à craindre pour
les racines des blés & des autres plantes. M. Duhamel amonceloit la neige au pied des petits arbres nouvellement plantés, pour les garantir du froid. La neige
paroît même échauffer la terre ; car la terre a dans
l'hyver même un certain degré de chaleur qui fe
diffiperoit, & que la neige arrête. *Dat nivem ficut
lanam.* C'eft une Sentence plus phyfique que poéti-
que ; car, comme la laine échauffe nos corps, non
par une chaleur qui lui foit propre (elle n'échauffe-
roit pas une Statue de marbre), mais en tant qu'elle
arrête par fes poils la diffipation de notre propre
chaleur, de même la neige échauffe la terre,
en y concentrant les *efprits* & les exhalaifons qu'elle
auroit perdus.

§. VII. De la Gelée & de la Glace.

50. Les effets de la gelée font en partie utiles,
& en partie très-nuifibles à la campagne. L'utilité

vient de ce que la gelée gonfle & divife les mottes mieux que le meilleur labour. L'eau en fe gelant rompt les canons d'airain ; les briques & les pierres font réduites en poudre ; c'eft pour cela que la terre humide , en fe gelant intimement , fe réfout & tombe en pouffiere au printemps , *cùm zephiro putris fe gleba refolvit* : ainfi, la gelée fupplée les labours , ouvre les pores de la terre , pour filtrer les fucs & les difpofer à la végétation.

51. Mais cette propriété qu'a la gelée de dilater & de déchirer , eft caufe qu'elle tue quelquefois les plantes , fi elle furvient quand elles font fort humides , comme il arriva dans les cruels hyvers de 1709 & de 1740. L'humidité & le fuc même des plantes , en fe gelant, en déchire les fibres & les vaiffeaux , & les fait périr. A ces dommages font expofées fur-tout les plantes tendres, fucculentes, pleinesd'un fluide aqueux , telles que les faules , les figuiers , les vignes , & toutes les plantes qui font dans les terres humides. Le mal eft grand , s'il arrive brufquement un faux-dégel (car le dégel gradué n'eft pas nuifible), plus grand encore, fi ce dégel eft fuivi d'une nouvelle gelée & du verglas, tout eft gâté alors ; & ce font les branches & les arbres expofés au Soleil du levant & du midi qui font le plus fujets à ce malheur ; car la gelée , la neige , le frimas, en fe fondant , gèlent de nouveau , & forment le verglas , parce que l'eau n'a pas eu le temps de s'écouler entièrement.

§. VIII. *De la Grêle.*

52. J'ai peu de chofe à dire des effets de la grêle, ilsne font que trop connus ; c'eft une pluye gelée :

les gouttes fe gèlent comme dans la formation de la
neige , & chaque grain de grêle contient une efpèce
de noyau de neige. Dans l'été , les nuées font plus
élevées dans une région de l'air affez froide ; les
gouttes fe convertiffent en glace , & elles groffiffent
en tombant à l'approche d'autres vapeurs Il eft probable que le feu électrique y contribue. En paffant
d'une nuée à l'autre , il dépouille l'une de chaleur
en la portant dans l'autre. Un concours de nuées
électrifées *negativement* avec un nuage pluvieux élec-
trifé *pofitivement* , comme il arrive dans le tumulte
des orages , produit la grêle. Les grains s'entreheur-
tant par la violence des vents , s'attachent entr'eux
& forment quelquefois des maffes énormes de glace : ce n'eft plus une grêle , c'eft une *lapidation*. Les
grêles ordinaires font des dommages proportionnels;
mais le plus grands de tous eft une efpèce de poifon
que la grêle répand fur les végétaux , fans doute à
caufe des *efprits* acides qu'elle contient. C'eft pourquoi la grêle eft moins nuifible fi elle eft accompagnée
d'une abondante pluye qui lave cette *pefte*. On ne
peut cependant pas nier que la grêle ne fertilife en
quelque fens la terre , comme l'eau de neige. En
effet , l'on voit tout reverdir & végeter à merveilles
après les grêles qui ne font pas fuivies de féchereffe ,
& les blés femés depuis , rendent plus qu'à l'ordinaire.

§. IX. De la Gelée blanche & des Frimas.

53. La rofée en fe congelant, forme la *gelée blanche* , femblable à la neige. Cette gelée , fi elle furvient aux plantes depuis qu'elles ont germé , par
exemple en Avril, leur fait beaucoup de tort , &

comme *gelée*, & en tant que mêlée de matières caufti-
ques, fur-tout fi le Soleil la frappe. Dans d'autres
temps elle peut être utile en arrêtant les progrès
d'une végétation trop forte, & elle peut faire en
général du bien comme rofée, comme gelée &
comme neige.

54. Le frimat eft femblable à la gelée blanche :
c'eft le brouillard gelé adhérent aux corps ; il s'attache aux brins d'herbe, aux branches d'arbre,
aux cheveux des hommes, aux poils des animaux :
il fait plier & caffer quelquefois les branches des
arbres auxquelles il eft fufpendu fous la forme de
chandelles & de grappes de neige & de glace. Les
frimas produifent les bons effets des brouillards,
des rofées, des gelées, de la neige. On leur doit
encore un autre avantage, celui de tuer les œufs
des infectes ; car il n'y a rien de plus pénétrant qu'un
froid humide. En effet, après les hyvers abondans en frimas, l'on voit peu de chenilles au printems. C'eft ainfi que la Providence Divine détruit
par les neiges les oifeaux & d'autres bêtes voraces
qui défoleroient les campagnes.

§. X. *Du Tonnerre & autres Météores ignés.*

55. Avant la découverte de l'électricité de l'athmofphère, on n'entendoit rien au fonds fur la
nature & fur les effets du tonnerre, & on n'étoit
guéres plus avancé à l'égard des autres météores.
Maintenant il eft prefque hors de doute que le feu
electrique eft le grand inftrument de la nature, le
principe de l'évaporation, des nuages, des pluyes,
des vents, des orages, des tremblemens de terre,
des aurores boréales, & fur-tout des tonnerres,

qui

qui ne font que de groffes explofions de feu éle&tri-
que , en tant que concentré dans l'air ou dans la
terre : il déchire les corps refiftans, pour fe porter
dans les deferens , & fe mettre en équilibre entre
deux lieux.

56. Il eft conftaté que le feu du tonnerre, comme
le feu électrique, fuit les métaux & les fluides aqueux,
préférablement aux autres corps. Si ceux-là font
interrompus ou bornés , il éclate & fait des ravages
en raifon de fa quantité. Les édifices qui contiennent des métaux *interrompus*; les animaux & les
arbres pleins de fluide contenu dans des vaiffeaux
refiftans , font fujets aux injures de la foudre. On
a trouvé le moyen de garantir les édifices par les
condu&teurs métalliques continués jufqu'en terre.
Quant aux arbres, il n'y a que ceux qui contiennent de la réfine, qui puiffent peut-être fuir ce
danger, tels que le laurier, l'olivier, le fapin &
autres femblables. C'eft peut-être le fondement de
la pratique populaire de garder dans les maifons,
de porter fur les fléches des clochers, aux coins
des champs, des branches d'olivier bénit, & d'en
brûler dans les maifons en temps d'orage. Les autres arbres abondans en fuc aqueux, tels que les
peupliers, font fouvent frappés & mis en pieces
par le tonnerre.

57. Ce font là des foudres manifeftes. Mais n'y
avron-il pas encore une autre efpèce de foudre
moins bruyante, une effufion moins impétueufe de
feu électrique, & capable pourtant de fécher tantôt
les feuilles, tantôt les branches, quelquefois un
arbre entier, quelquefois les herbes & les blés ?
J'ai toujours oui dire aux Payfans, à propos de
quelque branche de vigne defféchée, qu'elle avoit

E

été frappée par un éclair. Mr. du Hamel, parlant des blés *coulés*, rapporte que fuivant l'avis de plufieurs, cette *coulure* devoit être attribuée à la vivacité des éclairs ; » opinion, ajoute-t-il, qui a » acquis de la probabilité, après qu'on a reconnu » les grands effets de l'électricité éparfe en fi grande » abondance dans l'air au tems d'orage «. Il n'eft pas néceffaire que le feu électrique foit toujours conglobé avec violence ; il peut être moins denfe, plus diffus, moins violent, tel qu'on le voit dans les feux folets, dans le feu St. Elme, dans les étoiles volantes, dans les aurores boréales. Il peut donc y avoir des éclairs qui fe déchargent fans bruit dans des branches d'arbres, ou dans un fillon de prairie ou de terre enfemencée, où l'on voit fouvent des cercles d'he bes defféchées (fans en foupçonner d'ailleurs la caufe) les parties voifines étant très-vertes. Peut-être quelque efpèce de *rouille* dépend-elle de ce principe.

58 Voilà les mauvais effets du tonnerre ; mais n'en auroit-il pas de bons? Je le crois. Nous avons remarqué que la végétation n'étoit jamais fi vigoureufe que dans les tems pluvieux, inégaux, orageux, & cela principalement à caufe de l'abondance du feu électrique. Or, la matiere du tonnerre eft ce même feu électrique. Ce fluide puiffant circule entre la terre & le ciel; mais fa principale fource eft dans la terre : elle en feroit dépouillée, s'il ne lui étoit rendu par les météores, fur-tout par les foudres. Le tonnerre entraîne des fubftances, tant celles du genre déférent, que celles du refiftant. Donc, les foudres entretiennent cette circulation d'élémens, qui eft fi néceffaire pour perpétuer les générations terreftres. Nous trouverons peut-

être que les années qui abondent le plus en tonnerres, en éclairs, en étoiles tombantes, en aurores boréales & en autres météores ignés, font auffi
les plus fertiles.

59. Si l'on vouloit admettre l'ancienne opinion
fur les météores ignés, & les confidérer comme des
inflammations de matières combuftibles, de fouffre,
de nitre, & d'autres mélanges analogues à la poudre à canon, à la poudre fulminante, leur efficacité
pour fertilifer les terres feroit encore plus ma-
nifefte.

60. Je ne dirai qu'un mot des tremblemens de
terre. Soit qu'ils foient caufés par des embiafemens
fouterrains, foit qu'ils foient produits par des
commotions électriques, ils ne fauroient être indif-
férens pour la production de la terre ; ils peuvent
au moins ouvrir de nouvelles veines d'exhalaifons,
ou en fermer d'anciennes ; ce qui ne peut fe faire
fans altérer la conftitution de l'athmofphère & tout
ce qui en dépend, fur-tout l'état des animaux & des
végétaux. On a dit du tremblement de terre arrivé
à la Jamaïque le 7 Juin 1692, » que depuis cette
» époque, la nature eft moins belle dans cette Ifle,
» le ciel moins pur, le fol moins fertile«. C'eft
peut-être au tremblement de terre de Lisbonne,
arrivé en 1755, & qui s'eft étendu fort au loin,
que nous devons attribuer le défordre des faifons,
la fréquence des orages, & la ftérilité de la terre,
que toute l'Europe éprouve depuis ce défaftre.

Ayant parcouru jufqu'ici toutes les efpèces de
météores, & préfenté leurs effets en général, paffons à l'examen particulier de leur influence, autant
qu'elle dépend de leur diftribution dans les différentes faifons de l'année.

CHAPITRE III.

Le cours de l'Année Géorgico-Météorologique.

§. I. *Condition générale.*

61. *ANnus fructificat, non terra* : C'eſt un ancien proverbe tranſmis par Théophraſte, que j'ai pris pour deviſe de ce diſcours, & qui contient une vérité éternellement vérifiée par l'expérience. Car il eſt clair que ce n'eſt pas tant de la terre, des labours, des engrais que dépend l'heureuſe végétation & le ſuccès de l'agriculture, que de la juſte température des ſaiſons, de la conſtitution de l'athmoſphère, de la chaleur, de l'humidité, de la diſtribution des pluyes en certaines circonſtances, en certains mois, de la force, de la direction & de la durée des vents, &c..... Mr. Targioni dans ſon excellent Traité de l'*Alimurgia*, Mr. du Hamel dans ſes *Obſervations Botanico-Météorologiques* & dans ſes autres Ouvrages, la Société Économique de Berne dans les volumes qu'elle a publiés, nous fourniſſent des preuves ſans nombre de ce que nous venons d'avancer.

62. L'on peut dire en général qu'une année eſt bonne, quand l'hyver eſt froid, avec abondance de neige & de gelée ; le printemps hâtif, accompagné de pluyes bénignes & de zéphirs ; l'été chaud, & interrompu à propos par des pluyes ; & l'automne tempéré, & plus ſec en général qu'humide (*a*).

____

(*a*) Les Florentins expriment aſſez naïvement les conditions de la bonne année : *Il grand freddo di Gennaio ; il mal tempo di*

63. Au contraire, la récolte fera mauvaife, fi l'hyver eft tiede & humide, le printemps tardif, frais, humide, avec des gelées & des brouillards, l'été fans chaleur & fans humidité, l'automne pluvieux & froid. M. du Hamel entr'autres, nous fournit deux exemples pour vérifier ces deux conditions. La récolte de 1740 fut pauvre, 1°. Parce que le grain femé fe perdit en partie dans la terre trop humide; 2°. il en périt beaucoup par la gelée de l'hyver; 3°. le refte ne talla point; 4°. la rouille l'avoit attaqué; 5°. le grain fut réchaudé par des coups de foleil hors de temps (*Obferv.* 1741). Au contraire, la récolte de 1744 fut bonne, parce que les blés avoient bien levé à l'entrée de l'hyver; ils ne furent ni noyés, ni fatigués par de longues & fortes gelées : ils avoient tallé; ils s'étoient fortifiés par l'humidité du printemps; ils furent toujours beaux, malgré la féchereffe fuivante (nulle plante ne la fupportant mieux que le froment); enfin les chaleurs du mois de Juillet les firent mûrir, & il fit fort fec pendant la moiffon. Voilà toutes les circonftances néceffaires réunies : Paffons à un plus grand détail.

§. *II. Des Semailles.*

64. L'année champêtre commence par les femailles. L'automne eft la faifon propre à femer les blés & les grains d'hyver. Il y aura peut-être relative-

---

Febbraio ; il vento di Marzo ; le dolci acque d'Aprile ; le guazze di Maggio ; il buon micter di Giugno; il buon batter di Luglio; le tre acque d'Agofto , con buona ftagione , vagliono più che il trois di Salomone. Targioni, pag. 19.

ment à la température, une certaine femaine, une lunaifon qu'il faudra faifir pour les femailles. Mais il eft difficile de fixer cette époque ; il faut avoir égard au climat, au terrein, à l'expofition. Le terrein froid exige qu'on fe hâte de femer ; le chaud donne du temps. L'on ne peut pas enfemencer un domaine entier dans un jour ni dans une femaine, ce qui feroit cependant très-avantageux, fi on rencontroit le vrai temps ; mais il faut encore avoir égard à la moiffon ; car fi tous les blés muriffoient dans un jour, on n'auroit pas le temps de les couper fans en perdre beaucoup. *Tavello* fixe le temps des femailles pour la Lombardie, à la premiere chûte des feuilles.

65. En général il faut femer de bonne heure ; il y a plufieurs avantages ; 1°. La terre étant, comme on le fuppofe, bien labourée, tous les grains levent, & l'on peut épargner une grande quantité de femence ; 2°. le grain femé pouffe des racines, & peut taller ; 3°. il craint moins les gelées ; 4°. au printemps il monte plutôt en tige, pouffe plutôt l'épi, & eft mieux garanti par-là, de la gelée de la rouille, de la miellée ; 5°. il mûrit plutôt, & devance le danger de la grêle, &c... On doit craindra les événements contraires quand les femailles ont été tardives, & ne pas efpérer des exceptions heureufes que le hazard peut amener, mais qui font très-rares.

66. On ne doit pas femer dans une terre trop humide, où le grain refteroit étouffé par les mottes, pourriroit & ne leveroit pas à moitié. La terre même labourée dans cet état, fe paîtrit, acquiert une crudité & une dureté prefque indomptables. Cependant il y a un proverbe italien qui dit que *les*

plus belles femailles font celles que l'on fait le fac fur la tête ; cela veut dire que la terre étant réduite en pouffiere, s'il furvient dans le temps qu'on la laboure pour l'enfemencer, une petite pluye, une bruine douce, un brouillard fort humide, qui ne baigne que la pouffiere, le grain s'attachera fur les champs, ne fera pas mangé par les oifeaux, & germera promptement.

67. Dès que les femailles feront achevées, on doit fouhaiter des pluyes difcrettes dans les mois d'Octobre & de Novembre ; mais fi elles étoient exceffives, elles noyeroient les blés, fixeroient trop la terre, ou l'emporteroient. Les blés pourriroient, feroient mangés par les vers, ou poufferoient trop en herbe, en *dépenfant cette liqueur* qui doit être réfervée pour le printemps : ils rifquent même, en montant en tige, d'être gâtés par les gelées, ou même par la rouille. La fechereffe dans ces mois eft également nuifible ; car les racines ne fe multiplient, ni ne fe fortifient pas autant qu'il le faudroit.

§. III. *De l'Hyver.*

68. L'hyver eft le repos de la terre, le fommeil des plantes. Pendant que la végétation refte fufpendue, ou du moins rallentie, les fucs fe préparent & fe *digerent* dans la terre. On defire pour cela un hyver froid & fec, ou même orageux, avec abondance de neige & de glace. Si les gelées ne font pas affez fortes pour *tuer* les plantes, il n'y a rien du moins à craindre pour les racines des blés, fi elles ne fe trouvent point à découvert.

69. Ce qui eft à craindre pour tous les végétaux, comme on l'a dit dans le chapitre précédent, ce

font les faux dégels, les gelées humides, &c....

70. Mais on doit encore plus redouter un hyver doux & pluvieux : n'attendez jamais dans ce cas une bonne récolte, 1°. Parce qu'une telle conftitution prive les blés des bénéfices de la neige & des gelées ; 2°. parce qu'elle fait croître les blés avant le temps, & diffippe leur force ; 3°. parce qu'elle favorife l'accroiffement des mauvaifes herbes, qui dérobent leurs fucs aux blés, & les étouffent au printemps ; 4°. parce qu'il furvient des froids tardifs, par une compenfation funefte entre les deux faifons, ou qu'à une longue humidité fuccéde une longue féchereffe qui fait périr les plantes de faim & de foif ; 5°. parce que les blés pleins d'une humeur aqueufe & indigefte, font plus expofés à la rouille & à d'autres maladies.

§. IV. Du Printemps.

71. Le printemps eft la faifon de la plus forte végétation. Quand les blés font bien fortifiés avant l'hyver, pourvus de bons fucs par les neiges, & que les terres en font bien pénétrées, le printemps met en mouvement tous les élémens féconds de la nature. La chaleur du jour, la fraîcheur des nuits, le mêlange de l'humidité & de la chaleur, les douces haleines des zéphirs caufent cette alternative de dilatations & de contractions, qui fait circuler les fucs dans les plantes, favorife l'imbibition & la tranfpiration, & produit ces fecrétions & ces affimilations de fubftances, qui forment l'objet de nos vœux, c'eft-à-dire, une heureufe végétation.

72. Le proverbe demande la féchereffe au mois de Mars, afin que le foleil puiffe mettre en mou-

vement

vement la féve des plantes & les fucs de la terre.

73. On entend par-là, qu'il y ait auffi de la chaleur; car fi le froid s'*avance* dans le printemps avec la féchereffe, la récolte fera pauvre. M. du Hamel en expofe très-bien la raifon (*Obferv.* 1742). Je rapporterai tout ce paffage; car il eft inftructif. » L'au
» tomne, quand le blé germe, il pouffe en terre
» plufieurs racines, & peu de tems après, il paroît
» à la fuperficie de la terre quelques feuilles. A
» ces premieres feuilles & à ces premieres racines,
» il s'en joint d'autres, fur-tout quand l'automne
» eft humide & douce. A l'endroit de l'infertion
» des feuilles & des racines, il fe forme une grof
» feur, ou une efpece d'oignon ; c'eft de cette
» groffeur que partent de nouvelles racines & de
» nouvelles feuilles : pour peu que les gelées d'hy
» ver foient un peu fortes, prefque toutes les feuilles
» & prefque toutes les racines d'automne périffent :
» il faut donc que l'efpèce d'oignon dont j'ai parlé,
» produife de nouvelles feuilles & de nouvelles ra
» cines; c'eft ce qui arrive ordinairement en Avril,
» quand ce mois eft doux & pluvieux ; mais s'il eft
» froid & fec, ces racines printannieres ne fe déve
» loppent que lentement & foiblement; & comme
» les feuilles ne produifent que proportionnellement
» aux racines, il en réfulte néceffairement un retard
» qui eft ordinairement très-préjudiciable aux blés. «
M. du Hamel ajoute que les pluyes de Mai produifent rarement le même effet ; car la chaleur prochaine de Juin accélère trop la maturité.

74. Cependant la combinaifon du froid & de l'humidité eft encore plus dangereufe ; car alors, à caufe de l'abondance de la féve, & de la lenteur du mouvement, il s'enfuit une efpèce d'étouffe-

ment ; les pluyes exceffives font préjudiciables, même avec la chaleur ; elles noyent les bleds, qui deviennent jaunes & *hydropiques*, & pouffent trop en herbe, ce qui nuit à la formation du grain. Trop d'eau lave & emporte les fels des terres & des fumiers ; ce qui eft encore très-préjudiciable.

75. Les pluyes font très-nuifibles en général à la fleuraifon ; elles lavent la pouffiere féminale, ou la coagulent, de forte qu'elles font avorter fes germes. Il eft donc à defirer que le mois de Mai foit fec, avec des vents frais d'oueft ou nord-oueft (pour notre pays), qui fecouent & emportent la rofée & toute humidité croupiffante. Alors les grains & les fruits nouent heureufement, la moiffon eft hâtive, & prefque toujours abondante.

76. Quand le mois d'Avril eft avancé, les gelées peuvent être funeftes aux fruits, fur-tout fi elles font fuivies brufquement de l'action du foleil. Telle fut la gelée du 14 Avril 1765 en Tofcane, que M. Targioni décrit & déplore tant. Ce défaftre arriva à 4 heures du matin, au lever de la lune, il s'éleva un brouillard qui fe gela en tombant ; à 6 heures le mal étoit fait.

77. On doit donc craindre les brouillards, fur-tout s'ils font gras & puans, de même que les rofées qui forment la *miellée* fi le foleil les frappe. Or, comme le mélange de tous ces météores, qui a lieu quelquefois vers la fin du printemps, caufe la *rouille* & les autres maladies des grains, je crois qu'il faut en dire quelque-chofe.

§. V. *Digreſſion ſur la Rouille & les autres maladies des blés.*

78. Les François & les Auteurs qui ont écrit *ex profeſſo* ſur cette matiere, diſtinguent pluſieurs eſpeces de maladies des grains. Dans ce pays on n'en connoît gueres que deux, 1°. la *rouille*, par laquelle on entend tout ce qui retrécit ou vide le grain; 2°. le *charbon*, lorſque les grains ne contiennent qu'une pouſſiere noire.

79. Les anciens & le commun des hommes attribuent la premiere maladie, c'eſt-à-dire, la conſomption des grains, à la fermentation, ou à des fumées qui s'élevent de la terre, à des roſées ou à des pluyes chaudes &, pour ainſi dire, ſalées, aux brouillards mêlés d'exhalaiſons, à des vents brûlans, &c.....

80. Galilée, en examinant cet objet en Mathématicien, en a donné l'explication de cette maniere : Lorſqu'un brouillard, une roſée, une bruine, a laiſſé une certaine quantité de petites gouttes ſur les végétaux, & que le ſoleil les darde bruſquement, ces petites gouttes deviennent autant de lentilles cauſtiques très-aigues, dont les foyers tombant ſur les feuilles & les grains, les brûlent véritablement. En effet, l'on voit ſouvent ſur les fruits ces petits boutons, ſemblables au charbon, & qui paroiſſent être des points brûlés par une cauſtique; mais le plus ſouvent on ne voit point de traces de ces brûlures dans les épis, & cependant les grains ſont *évidés*.

81. Il y eut un temps où tout étoit l'ouvrage des inſectes, & ſur-tout les maladies. Rhedi, Valiſnieri, & pluſieurs autres Naturaliſtes, qui pen-

choient vers cette opinion, croyent auſſi que la
nielle & la rouille étoient l'ouvrage des inſectes.
Cette pouſſiere qu'on voit ſur les feuilles & ſur
les épis, n'étoient que des excremens, des œufs,
ou des inſectes mêmes; mais ceux qui ont le mieux
examiné la rouille avec le microſcope, n'y ont découvert aucun ſigne du mouvement animal.

82. En dernier lieu, M.ʳˢ. Targioni & Fontana
ont produit en Toſcane une opinion nouvelle qui
a beaucoup de probabilité. Ils prétendent avoir découvert que la rouille n'eſt qu'un amas infini de
petites plantes paraſites, ſemblables à une eſpece de
moiſiſſure ou de mouſſe. Ces petites plantes infé-
rant une infinité de petites racines entre les fibres
des blés, les ſucent, les épuiſent, ce qui fait
que les grains reſtent maigres ou vides. Les ſemences de ces plantes apportées par les vents, s'attachent aux tiges, y germent à la faveur d'une humidité accompagnée de chaleur, ſe multiplient ſans
bornes, & cauſent des ravages infinis.

83. Je n'ai pas beſoin de me déterminer ſur aucune opinion relative à la nature de la rouille;
il me ſuffit pour mon objet, qu'elle dépende d'une
certaine conſtitution de l'air, & d'un certain concours de météores. La rouille ſe manifeſte, comme
on l'a dit, après des brouillards, des roſées, des
pluyes ſuivies immédiatement de l'action d'un ſoleil
ardent dans les lieux bas & peu *ventilés*. Toutes
ces circonſtances peuvent à la vérité faire germer
les petites ſemences des mouſſes paraſites, ou même
faire éclore les petits œufs des inſectes.

84. Mais, ſans recourir à ces cauſes, pourquoi
les blés ne peuvent-ils pas devenir malades naturellement par un excès de chaleur & d'humidité? Ne

pourroient-ils pas *premierement*, être attaqués d'une efpece de maladie cutanée ? Etant couverts d'une humeur craffe, s'il furvient un coup de foleil, cette humeur gluante peut fe fixer fur les feuilles, fur les tiges, fur les épis, arrêter la tranfpiration, enfuite former, en fe deffechant, cette pouffiere jaune ou noire, connue fous le nom de rouille.

85. *En fecond lieu*, pourquoi ne peut-il pas fe former une maladie interne, femblable à une inflammation dans les animaux ? L'humidité frappée par le foleil, doit fermenter dans la terre, dans les racines, dans les canaux même des plantes. Voilà ce qui fuffit pour altérer les humeurs, & produire la langueur, le dépériffement. Si vous voulez en faire l'expérience, il fuffit d'arrofer une plante dans un vaiffeau, & de l'expofer au foleil, elle meurt au bout de deux ou trois jours. Ainfi, les blés qui éprouvent une fermentation violente, mûriffent quelquefois avant le tems, c'eft-à-dire, qu'ils meurent en peu de jours; car la maturité n'eft que la mort naturelle des plantes annuelles. Il faut voir en quel état le grain fe trouvoit alors : s'il étoit bien avancé, il contiendra de la farine en proportion : s'il ne faifoit qu'épier, il fera vide. Enfin, je crains qu'on ne puiffe affigner une caufe commune de toutes ces maladies; tantôt c'eft l'une, tantôt c'eft l'autre.

86. Quoiqu'il en foit de la nature de la rouille, c'eft une obfervation univerfelle que cette maladie attaque principalement les blés foibles, femés tard, & qui conféquemment épient plus tard; qu'elle a lieu dans les printemps frais, pluvieux, variables, fans vents, parce que les plantes étant dans ces circonftances d'une texture plus molle, réfiftent

moins aux mêmes impreſſions, quelles qu'elles ſoient. Il y a d'autres obſervations : les germes de la rouille ſont détruits par une pluye abondante qui lave les blés, ou par un vent qui *ſecoue* l'humidité des roſées, des brouillards, des petites pluyes ; les blés verſés ſouffrent beaucoup dans ce cas, car ils ſont moins ventilés : une roſée, un brouillard, ſans ſoleil, durât-il un jour entier, ne fait aucun mal, dès qu'il n'y a pas de fermentation. Les roſées & les gelées du mois d'Avril, dont l'humidité eſt la cauſe, ſont dangereuſes, parce que tout ce qui tend à augmenter l'humidité, en augmente les dangers, comme l'évaporation des plantes voiſines d'un lieu bas, les terres humides, les fumiers, &c.... & tout ce qui empêche la diſſipation de l'humidité, comme les hayes trop hautes, les arbres touffus, les édifices, les murailles qui arrêtent le vent : au contraire, les lieux élevés, aërés, éloignés des bois, &c... ſeront moins ſujets aux gelées ou à leurs funeſtes effets.

87. Il y a une autre obſervation qu'on trouve dans les Mémoires de Berne (1765), dont je ne ſaurois rendre raiſon ; c'eſt que les méteils, par exemple, ceux de froment & de ſeigle, ne ſont pas ſi ſujets à la rouille : cela eſt confirmé par M. Targioni, dans le compte qu'il rend des rouilles de 1765 & 1766 en Toſcane.

88. Diſons un mot des *remedes de la rouille*. Les cauſes ou circonſtances indiquées, nous enſeignent quelques regles de précaution. Il faut bien choiſir le grain à ſemer, le leſſiver avec la chaux, le laver avec de l'urine vieille & alkaliſée, ou avec de l'huile de lin (qui éloignera même les vers) : il faut ſemer dans un terrein bien préparé, & ſur-tout

femer de bonne heure : il fera très-utile auffi *d'élar-gir & d'éclairer* les champs, afin qu'ils foient ven-tilés, &c....

89. Pour diffipper l'humidité, l'on pratique uti-lement deux remèdes. Le premier, indiqué par les anciens Auteurs d'agriculture, éprouvé même au-jourd'ui avec fuccès, eft la fumigation, qui doit être faite tous les matins, quand le temps eft *fuf-pect* dans les mois de Mai ou de Juin, en brûlant de la paille des lits, ou des excréments de vache, ou d'autres matieres animales, des retailles de peau, de corne, d'ongle, &c... Cette fumée doit pro-duire deux effets falutaires ; 1°. Elle peut abforber l'humidité qui eft la caufe, ou du moins que l'on préfume être la caufe de la rouille ; 2°. L'alkali vo-latil contenu dans la fumée, peut fertilifer les ter-res & les plantes. Le fecond remède confifte à fe-couer la rofée, en faifant tirer par deux hommes le long des fillons une corde au travers des blés mê-mes.

90 Il me refte peu à dire fur le *charbon* ; c'eft une pouffiere contagieufe qui fe communique d'un champ à l'autre d'année en année ; car il fuffit qu'un peu de cette pouffiere touche un grain, pour l'infecter. Cette maladie n'eft connue en Italie que depuis un demi-fiècle, & elle femble y être venue du Dauphiné : elle fe répand maintenant en Alle-magne. On obferve qu'elle règne dans les terres & dans les années où les femailles ont été mauvai-fes, fi le printemps fuivant eft humide, fur-tout après un hyver long & pluvieux, comme celui de 1770 en Italie, où les blés furent plus attaqués du charbon que de la rouille. M. du Hamel croit pourtant que les grands hyvers faifant périr les

pieds affectés du charbon, ils arrêtent les progrès que cette maladie feroit à l'infini. Ainsi, à une année abondante en charbon, succède souvent une année où l'on n'en trouve presque pas; par exemple, 1754, 1760, 1761. Pour empêcher la propagation de cette maladie, on prescrit de tremper le grain, avant que de le semer, dans une saumure bien âcre, composée de cendres & de chaux.

§. *VI. De l'Eté.*

91. La chaleur est l'ame des vivans; l'humidité en est le principal aliment. Si ces deux élémens sont en excès ou en défaut, l'économie de la végétation est troublée. Une chaleur excessive consume l'humidité de la terre & des plantes; le froid la resserre; l'excès d'humidité rend les plantes hydropiques; la sécheresse les épuise. La chaleur & l'humidité, tempérées l'une par l'autre, produisent l'abondance. Telle fut chez nous l'année 1728, fort humide, & sans doute la plus chaude depuis un demi-siecle. C'est de ces deux élémens que dépend la prodigieuse fertilité des Antilles, & généralement de la Zône torride; on doit excepter cependant les endroits où l'excès de la chaleur & de l'humidité cause la putréfaction.

92. On doit craindre le défaut de ces deux éléments encore plus que leur excès, & sur-tout celui de la chaleur. Cette combinaison d'humidité & de froid est celle qui semble regner dans les années courantes, où à peine connoît-on l'été, excepté peut-être l'année présente (1774). L'année 1751, suivant l'observation de M. du Hamel, fut froide & humide, & stérile à cause de cela, en tous genres

productions. L'année 1753 au contraire fut chaude & feche; le froment, qui réfifte beaucoup à la féchereffe, n'eût pas des épis nombreux, mais ils furent beaux.

93. Virgile a dit : *Humida folftitia, atque hyemes optate ferenas.* En fuppofant les qualités naturelles de ces deux faifons, c'eft-à-dire, le froid de l'hyver & la chaleur de l'été, on doit defirer avec Virgile la férénité de l'hyver & la fréquence des pluyes en été. Cette fréquence des pluyes eft fur-tout très néceffaire dans les pays où l'on feme le mays ou grain Turc, comme on le pratique même avec fuccès dans la Lombardie. Cette plante Africaine porte une canne pulpeufe qui abforbe une très-grande quantité d'eau; mais elle ne la digèreroit pas fans une puiffante chaleur; elle exigeroit une pluye chaque femaine, fur-tout dans le mois de Juillet & jufqu'à la mi-Août. Paffé ce terme, cette plante ne tireroit aucun bénéfice de la pluye(*a*).

94. Quant à la diftribution des pluyes, on doit défirer qu'elle s'accorde avec le befoin & les circonftances. Dans le mois de Juin, on doit fouhaiter des vents frais plutôt que des pluyes, car elles avancent peu alors la végétation, & elles font dangereufes après la fleuraifon des blés; la moiffon demande un temps chaud, & comme on l'a dit, des vents frais, les pluyes ne devenant néceffaires qu'aux mois de Juillet & d'Août.

95. En général les pluyes du foir ou de la nuit, & celles qui font fuivies d'un temps couvert, font

---

(*a*) Il y a un proverbe Lombard relatif à ce que je viens de dire : *Se piove per S. Lorenzo, là vien à tempo; fe piove per la Madonna, ella è ancor buona; fe per S. Bartolamé, foffiale di dré.* (Targioni, pag. 28.)

G

les plus utiles ; car les plantes & les terres les abforbent entiérement. Celles qui arrivent le matin ou
en plein jour , & qui font fuivies immédiatement
par le foleil , s'évaporent trop tôt , ou caufent une
fermentation dangereufe. Les pluyes modérées &
tranquilles font auffi les plus profitables ; celles qui
tombent par averfes s'écoulent fur le champ, fou-
lent ou emportent la terre , déchauffent les racines
des plantes , &c.

96. Les fortes chaleurs , outre le bénéfice que la
végétation en retire en général , font un très-grand
bien aux terres labourées , qu'elles reduifent en
pouffiere , en faifant périr en même temps les racines des mauvaifes herbes , peut-être même les infectes. Tout cela eft trop clair pour s'y arrêter davantage.

97. On doit craindre quand le printemps eft avancé , & en été le fléau de la grêle dont les effets
ont été expofés ci-deffus. Les ouragans ont lieu
quelquefois vers la fin de l'été ; mais les ouragans
& les grêles ne s'étendent pas ordinairement fort
au loin , & ne caufent jamais une difette univerfelle. Les deux grands fléaux de la campagne font la
féchereffe & la rouille ; c'eft d'elles , prefque toujours, que proviennent les famines.

§. VII. De l'Automne.

98. J'entends par automne les trois mois de Septembre , d'Octobre & de Novembre. C'eft une faifon moyenne qui doit paffer avec gradation du
chaud au froid , & elle eft d'une grande conféquence
pour les menus grains & pour la vendange. Après
les trois pluyes du mois d'Août qui fourniffent le
meilleur fuc aux raifins, aux fruits & aux grains d'au-

tomne , le mois de Septembre devroit être ferein, fans brouillards , fans gelées, avec une bonne dofe de chaleur. On recueille les menus grains , les mays , les raifins précoces : on commence à femer les feigles , les méteils pour les animaux , & enfuite le grain même. En Octobre, on défire une pluye douce pour les femailles, quoiqu'en général il faille du beau temps ; mais par malheur dans *ce pays*, c'eft le mois le plus pluvieux de l'année ; ce qui fufpend & gâte fouvent la vendange & les femailles.

99. En Novembre on laiffe volontiers pleuvoir , & on ne fe foucie guères ni des brouillards ni de la neige. C'eft le véritable temps pour planter toutes fortes d'arbres, pourvu qu'on ait la précaution de couvrir les plus délicats, afin de les garantir des rigueurs de l'hyver. Les arbres mis en terre avant cette faifon , pouffent quelques racines & fe trouvent difpofés avec la terre à recevoir les premiers mouvemens du printemps , accord d'autant plus néceffaire, qu'il eft difficile de le rencontrer fi l'on différe de planter jufqu'au mois de Mars.

100. Il faut dire un mot de la vigne avant que de quitter cet article ; je n'examinerai point s'il eft plus utile de la tailler avant ou après l'hyver ; c'eft une queftion de Botanique , & je ne dois confidérer que l'action des météores. Les grands froids font quelquefois périr les vignes , mais jamais les racines ; d'où il fuit qu'il faut feulement dans ce cas fe borner à couper les fouches près de terre. Mais après l'hyver , les vignes font fujettes à deux grands défaftres : ce font, 1°. Les gelées d'Avril , qui déchirent & gâtent les boutons, & ôtent par conféquent toute efpérance de vendange. 2°. Les pluyes , qui au temps de la fleuraifon en Juin em-

pêchent les raisins de nouer. L'été trop pluvieux ou trop sec fait tomber beaucoup de raisins, mais la plus dangereuse maladie des vignes est la *brûlure*. Elle arrive lorsqu'après une grande humidité, la saison devient excessivement chaude. Cette chaleur retrécit sans doute les canaux qui regorgent de suc; ce suc se gâte, les feuilles & les raisins mêmes se desséchent & tombent.

101. Au mois d'Août la vigne a besoin d'un suc abondant, car alors elle pousse les branches à fruit pour l'année suivante, & les raisins commencent à mûrir. L'action du soleil est toujours nécessaire après le mois d'Août. Si la saison est humide & froide, les raisins ne mûrissent pas, & pourrissent. Les brouillards accélèrent la maturité, mais ils causent ensuite la putréfaction.

102. Les autres fruits sont sujets aux mêmes vicissitudes; ils tombent par la sécheresse, ils pourrissent par l'humidité; sans la chaleur & le soleil, ils n'ont point de goût.

103. Dans les mois de Juillet & d'Août, comme je le disois ci-dessus, les vignes & les arbres fruitiers poussent les boutons qui doivent germer au printemps suivant : les connoisseurs conjecturent par la grosseur de ces boutons, si la récolte de l'année suivante doit être abondante ou pauvre ; & cela devroit servir de règle pour tailler les arbres fruitiers, afin de laisser les branches fécondes, & couper celles qui sont inutiles. Or, la production des bons boutons dépend de la qualité de la saison: elle doit être chaude & humide en même temps; sans cela les arbres ne donneroient que des branches à bois, si l'humidité prédomine, ou des *yeux misérables* si la sécheresse a lieu. Les yeux à fruit pren-

nent leur accroiſſement au mois d'Octobre ; s'il ſurvient du froid, ils reſtent imparfaits & foibles , & ils
riſquent d'être gâtés par les gelées : en un mot, ils
annoncent une récolte chétive pour l'année ſuivante.

Voilà tout ce que j'avois à dire de l'influence des
météores & des ſaiſons ſur les objets principaux
de l'Agriculture , pour terminer la première partie
de ce Mémoire.

SECONDE PARTIE.

*Quelles conſéquences pratiques peut-on ti-
rer relativement à la végétation (ou bien
à l'Agriculture) des différentes obſervations météorologiques faites juſqu'ici.*

104. LES Européens en arrivant au Mexique ,
y trouverent une étrange coutume. Un
Empereur , dès qu'il étoit élu , étoit obligé de ju-
rer que durant tout le temps qu'il ſeroit ſur le
trône , les pluyes tomberoient à propos , les rivieres ne cauſeroient point de ravages , les campagnes
n'éprouveroient point de ſtérilité , &c. . . Quel que
fût l'objet d'un ſerment ſi bizarre , un *Météoriſte*
de profeſſion ſemble être chargé par le commun des
hommes d'un ſemblable engagement , c'eſt-à-dire ,
de regler les pluyes & les autres météores au gré
des hommes , & ſuivant les beſoins de la campagne.

105. On a vu dans la premiere Partie , l'étroite
liaiſon qu'il y a entre les météores & les productions
de la terre. On peut ſans-doute , à meſure que l'on
acquiert des connoiſſances , corriger la maniere de

cultiver & changer les travaux des champs. Mais en connoiſſant l'utilité ou le dommage que telle ou telle conſtitution de l'air & des ſaiſons apporte à la campagne, eſt-il en notre pouvoir de changer l'ordre de la nature & les diſpoſitions de la Providence? A quoi ſert donc un ſi grand appareil d'obſervations météorologiques pour l'uſage de l'Agriculture ; & quelles conſéquences pratiques peut-on en tirer?

106. Je répons que les obſervations météorologiques faites juſqu'ici, quoique commencées depuis ſi peu de temps ; (car qu'eſt-ce qu'un ſiecle par rapport à la durée des temps, & aux révolutions de la nature ?) & quoique peu répandues, nous ont cependant fourni beaucoup de lumières, de connoiſſances & de règles très-utiles. Dans la première partie, le rapport des obſervations météorologiques & des obſervations ſur les productions de la terre combinées, nous a fait appercevoir les traces de l'influence des météores ſur la végétation : maintenant je ferai voir qu'elles nous fourniſſent de bonnes règles pour la pratique. Je crois qu'on peut diſtinguer ces regles en deux claſſes. Dans la première, je comprendrai les *règles de fait*, c'eſt-à-dire, les faits bien conſtatés en Phyſique par les obſervations météorologiques. Dans la ſeconde, je placerai les *regles de prévoyance ou de conjecture*.

CHAPITRE PREMIER.

Règles de fait.

107. JE voudrois que les vérités de Phyſique, établies par le fait, fuſſent en plus grand nombre ; néanmoins celles que nous avons, quoi-

qu'en petit nombre , & dont nous fommes redevables aux obfervations météorologiques , ne fcnt
pas de petite importance. Je vais rapporter celles
dont je me fouviens.

108. I. Le *baromètre* a fait connoître non - feulement la pefanteur de l'air en général, mais même fon
différent poids, felon la différente élevation des lieux
au-deffus du niveau de la mer ; ce qui nous a donné un moyen facile & affez fûr de déterminer la
mefure de cette élevation : fur quoi l'on peut voir
l'excellent *Traité des Baromètres de M. de Luc.*

109. II. Lorfque l'athmofphère eft chargée de
nuages , de vapeurs , ou qu'elle eft humide ou plu-
vieufe , il n'eft pas vrai que l'air foit plus pefant ,
comme on le croyoit , & comme le penfe encore le
vulgaire ; au contraire, quelle qu'en foit la caufe ,
il eft plus léger.

110. III. Dans les temps & dans les lieux où l'air
pefe moins , & où le baromètre baiffe , la chaleur
agit plus efficacement fur les fluides ; car on a trouvé dans ce cas , par exemple , que l'eau bouilloit
fur les montagnes par un moindre degré de chaleur.

111. IV. Cela n'augmente pas cependant à proportion le mouvement des fluides dans les corps
vivans ; au contraire, fi la légereté de l'air devient
très-grande , elle rend la refpiration difficile , ralen-
tit la circulation du fang, & fait périr les animaux à
peu-près comme dans la machine du vide. Les plantes mêmes , dans les lieux où l'air eft fubtil, comme
au fommet des Alpes, ont de la peine à germer, ou
n'y croiffent pas , ou y périffent bientôt. » Sur cette
» montagne (de Sixt , élevée de 5352 pieds au-
» deffus du Lac de Geneve) dit M. de Luc , quoi-
» que dans une partie tournée au midi , il n'y croit

» plus de plantes ligneuſes. On ne voit jamais ni
» arbre ni arbuſte à cette hauteur dans nos climats.
» Si quelqu'une des ſemences d'arbres que les vents
» y tranſportent, trouve un ſol, ou une diſpoſition
» bien favorable, il arrive quelquefois qu'elle y ger-
» me ; mais il n'en réſulte jamais que des petits nains
» rabougris, qui périſſent bientôt. Les herbes même
» y ſont baſſes & très-minces «. Cependant l'air
dans ce lieu eſt d'une pureté ſinguliere, l'eau même
eſt d'une bonté & d'un goût très-exquis. Qu'eſt-
ce donc qui manque là aux plantes pour y végéter ?
La chaleur, les exhalaiſons nutritives, & même le
poids de l'air, qui aide la circulation de la ſève.
Dans les montagnes moins élèvées, on obſerve les
mêmes effets à proportion ; ce qui doit détourner
les hommes d'entreprendre des travaux de culture
ſur les montagnes, parce qu'ils ſeroient infructueux;
elles doivent être abandonnées pour les bois & pour
les pâturages, ce qui eſt leur deſtination naturelle.

112. V. Les réſultats du *thermomètre* ſont encore
plus intéreſſans pour l'économie rurale. L'on a connu le degré conſtant de la chaleur animale, fixé à
33 degrés de l'échelle de M. de Réaumur ; d'où cet
illuſtre Académicien a établi l'art de faire éclore
les œufs dans les étuves.

113. VI. Par le degré connu de chaleur d'un climat, on connoît quelles plantes étrangeres l'on
peut utilement cultiver dans le nôtre.

114. VII. On détermine le temps où l'on doit
fermer les ſerres deſtinées aux plantes exotiques,
quel degré de chaleur l'on doit y entretenir, &c...

115. VIII. Pareillement, on connoît le degré de
chaleur néceſſaire aux vers-à-ſoie (16. de Réaumur), celui qui convient à la chambre d'un mala-
de,

de, à diverses especes d'animaux.

116. On observe (ce qui est très-important) la température d'une année, & on la compare avec celle d'une autre. Elle ne dépend pas d'un degré de chaleur ou de froid qui se fasse sentir dans certains jours, ce qui est cependant tout ce que l'on a coutume d'apprendre dans les extraits des observations météorologiques, & qui ne sert guères que pour la curiosité. Il y eut, par exemple, quelques nuits dans l'hyver de 1742, où le thermomètre marqua un plus grand degré de froid qu'en 1740, & d'autres où il surpassa celui de 1709 : ces dernieres années furent cependant les plus froides. La France éprouve quelquefois des jours plus chauds que la Zône torride; mais la chaleur de la Zône torride est presque constante, & par cela seul elle surpasse la nôtre. La température dépend donc de la continuité de la chaleur ou du froid : pour la faire connoître, il faut sommer les degrés de l'un & de l'autre espèce (au-dessus & au-dessous du tempéré, qu'on doit fixer pour chaque pays particulier) pour toute l'année, & prendre les différences.

117. IX. Je vais donner dans la Table suivante, un exemple de cette méthode pour mon pays (a).

____

(a) *La Lombardie.* L'Auteur ayant été obligé de garder l'anonyme en envoyant son Ouvrage au concours, il a cru depuis devoir dissiper l'obscurité que des désignations vagues & des reticences nécessaires auroient laissé subsister. Ce motif l'a engagé à envoyer au mois de Février *1775*, des éclaircissemens & des additions que la Société Royale a jugé devoir être imprimés à la suite de la dissertation. Nous y renverrons les lecteurs, en indiquant les *numeros* auxquels ils appartiennent. On a cru cependant qu'il ne falloit pas user du renvoi pour les observations de 1774, & on les a placées dans la table suivante, pour la rendre complette au gré de l'Auteur.

H

TABLE

DE LA TEMPERATURE DES ANNÉES.

Années	Degrés de chaleur.	Degrés de froid.	Résidu de chaleur.	Résidu de froid.	Années	Degrés de chaleur.	Degrés de froid.	Résidu de chaleur.	Résidu de froid.
1725.	235, 73	153, 87.	71, 86	....	1750.	179, 00.	224, 21.	....	45, 21.
1726.	234, 11.	191, 28.	42, 83	....	1751.	170, 55.	265, 21.	....	94, 66.
1727	234, 58.	134, 34	100, 24	....	1752.	165, 55.	210, 82.	....	45, 27.
1728.	281, 80.	117, 09.	164, 71	....	1753.	153, 53	242, 55.	....	89, 02.
1729.	273, 75.	138, 24	135, 51.	....	1754	168, 61.	249, 40.	....	80, 79.
1730.	217, 74	171, 97.	45, 77.	....	1755	162, 30.	266, 88.	....	104, 58.
1731.	244, 89.	174, 54	70, 35.	....	1756.	151, 20.	224, 45	....	72, 25.
1732.	225, 45.	143, 54	81, 91.	....	1757.	164, 42.	273, 10.	....	108, 68.
1733.	231, 47.	145, 93.	85, 54	....	1758.	192, 41.	244, 12.	....	51, 71.
1734.	242, 34.	152, 42.	89, 92.	....	1759	221, 35.	170. 72.	50, 63	....
1735.	225, 93.	145, 66.	80, 27.	....	1760.	200, 13.	210, 05.	....	9, 92.
1736.	233, 72.	162, 50.	71, 22.	....	1761.	193, 65.	213, 39	....	19, 74.
1737.	235, 39.	184, 06.	51, 33	....	1762.	195, 69.	225, 55.	....	29, 86.
1738.	246, 27.	199, 75	45, 51.	....	1763	169, 00.	223, 18.	....	54, 18.
1739.	210, 31.	217, 90.	....	7, 59.	1764.	162, 15.	234, 65.	....	72, 50.
1740.	174, 57.	269, 44.	....	94, 87.	1765.	129, 68.	273, 63.	....	143, 95.
1741.	229, 91.	193, 03.	36, 83.	....	1766.	137, 45.	271, 60.	....	134, 12.
1742	209, 93.	200, 68.	9, 25	....	1767.	104, 28.	310, 34.	....	206, 06.
1743.	229, 05.	203, 72	25, 33.	....	1768.	120, 92.	366, 95.	....	246, 03.
1744	222, 72.	197, 21.	25, 51.	....	1769	111, 16.	302, 04.	....	190, 88.
1745	231, 34	183, 53	42, 81.	....	1770.	130, 00.	373, 80.	....	243, 80.
1746.	217, 09.	223, 50.	....	6, 41.	1771.	201, 40.	321, 54.	....	120, 14.
1747	204, 05.	210, 75	....	6, 70.	1772.	144, 80.	273, 54.	....	128, 74.
1748.	206, 45.	269, 42	....	62, 97.	1773.	133, 60.	319, 20.	....	185, 60
1749.	174, 29.	235, 07.	....	60, 73.	1774.	146, 60.	332, 20.	....	185, 60

Les degrés de cette Table font suivant l'échelle d'Amontons, en pouces & centiemes de pouce de Londres.

Cette Table fournit un réfultat très-remarqua-
ble, c'eft que dans ce pays, depuis 1740, ou, fi
l'on veut, depuis 1746, le fioid total a toujours
été croiffant jufqu'à préfent. Mes obfervations me
démontrent auffi un plus grand nombre de jours
fombres, humides, pluvieux, & une augmentation
dans la pefanteur de l'athmofphère. Si tout cela fe
vérifioit dans les autres pays, comme on peut
le foupçonner, on pourroit attribuer à ces caufes
la ftérilité de la terre dont toute l'Europe fe plaint
depuis quelque temps : car on a démontré que la
chaleur eft *la mere* des générations. Si elle vient à
manquer, celles-ci doivent diminuer en proportion :
d'où l'on peut tirer ce corollaire univerfel, qu'on
doit multiplier les efforts de la culture, tâcher
fur-tout d'échauffer les terres, s'il eft poffible, par
quelque moyen, par exemple, avec des engrais
chauds, comme la chaux, les cendres, &c.....
Pour chaffer l'humidité, il faut *élargir* les champ<,
les débarraffer des bois & de l'ombrage qu'ils caufent par-tout où l'on abufe de ces fortes de planta-
tions, comme dans nos pays.

118. XI. Les plus grandes chaleurs & les plus
grands froids n'arrivent pas près des folftices, comme
la fituation du foleil femble l'indiquer, mais environ
quarante jours après, à caufe de l'accumulation fuc-
ceffive des impreffions de froid ou de chaud anté-
rieures à ce terme.

119. XII. De même, la plus grande chaleur du
jour arrive à deux ou trois heures après midi, ou,
fuivant M. de Luc, aux trois quarts de la journée.

120. XIII. Mais la moindre chaleur ou le plus
grand froid fe fait fentir vers le lever du foleil
(parce que rien ne le diminue pendant la nuit), ou

plutôt une demi-heure après le lever du foleil, à caufe d'une certaine antiperiftafe qui fe fait par la chûte des vapeurs, ou par un petit vent d'eft qui fe leve ordinairement avec le foleil.

121. La température moyenne du jour a lieu aux deux cinquiemes du jour artificiel, fuivant M. de Luc, ou à un quart, fuivant mes obfervations. Le même degré revient felon lui au coucher du foleil; je ne le retrouve qu'après : mais M. de Luc obfervoit en plein air ; mon thermomètre eft bien expofé à l'air libre, mais il eft à couvert dans une Ville, environné de maifons & de murailles élevées, d'où proviennent ces différences de temps dans la température locale, comme un peu de réflexion peut le faire comprendre.

122. XV. *L'hygromètre*, qui indique l'humidité & la fécherefle de l'air, peut être auffi de quelque ufage pour l'économie domeftique, pour connoître, par exemple, fi une chambre eft humide ou féche, & par conféquent faine ou mal-faine, pour faler les chairs & les poiffons, car l'humidité de l'air, qui eft ordinairement accompagnée de chaleur, difpofe à la putréfaction ; & réfout le fel, qui, au-lieu de pénétrer les chairs, s'écoule en eau : c'eft pourquoi il faut attendre pour cette opération, que l'hygromètre indique le fec. Outre cela, l'hygromètre joint au baromètre, annonce les changemens de temps.

123. XVI. On ne doit pas omettre *la mefure de l'eau* qui tombe en pluye, en neige, en rofée, &c... La quantité s'eft trouvée différente dans différens pays : elle eft plus grande dans les montagnes, & près des mers. On connoît par ce moyen, fi tel pays ou telle année eft humide, &

dans quel rapport, ce qui peut donner quelques règles pour la culture. Mais il faut remarquer en quelles saisons & en quels mois arrivent les pluyes. J'en parlerai ci-après.

124. XVII. La mesure de la pluye, en nous apprenant qu'elle suffit à l'entretien des grandes rivieres, nous donne aussi des règles pour la construction des cîternes, quelle étendue de terrein & de capacité elles doivent embrasser pour recueillir & contenir une quantité d'eau qui puisse suffire aux besoins d'une famille ou d'une contrée.

Les pluyes présentent d'autres faits importans dont je parlerai plus bas. Je passe aux *règles de prévoyance.*

CHAPITRE II.

Règles de prévoyance.

125. TOus les Physiciens qui se font occupés d'observations météorologiques, se font toujours fondés sur l'espérance de découvrir par la continuité & la multiplicité des observations mêmes, quelques règles sur les périodes des saisons, sur la constitution des années, sur les changemens de temps, persuadés que ce seroit un avantage précieux, sur-tout pour l'agriculture. » Car en pré- » voyant les circonstances des saisons, ne fût-ce » qu'à peu près, dit M. du Hamel (*Obs. Botan.* » *Météorol. Préf.*), on sera quelquefois à portée de » prévenir une partie des accidens, en semant, » par exemple, d'autres espèces de grains, ou en se » précautionnant des blés étrangers ". » Ne nous

» laſſons point, dit M. de Mairan dans l'Hiſtoire
» de ces mêmes Obſervations (1743), d'obſerver
» tous ces phénomènes des pluyes & des vents,
» d'en rechercher la liaiſon & les cauſes; & croyons
» que le fruit n'eſt peut-être pas auſſi loin de nous
» qu'il paroît «. Voyez auſſi les Préfaces qui ſont à
la tête des Obſervations de la Société Economique
de Berne, & de celles de M. Poleni, inférées
dans les Tranſactions Philoſophiques, n°. 421, &c...
Encouragé par l'exemple & l'autorité des Acadé-
mies & des Phyſiciens du premier ordre ; poſſeſſeur
d'une ſuite conſidérable d'obſervations qui comprennent preſque cinquante années, j'ai tâché,
malgré mes foibles lumières, de *cueillir ce fruit*,
que M. de Mairan ne croyoit pas loin. L'illuſtre
Société de Montpellier jugera juſqu'à quel point
j'ai réuſſi.

§. *I. Principe pour trouver quelque règle ſur les changemens de temps.*

126. Quand on entreprend de diſcuter & de réduire en ſyſtême un certain nombre d'obſervations,
il faut un principe proviſionnel, analogue au ſujet,
auquel on puiſſe les rapporter ; & ſi elles s'accordent par leurs réſultats avec ce principe, il devient
lui-même la règle que l'on cherchoit ; s'il ne ſatis-
fait pas à ces conditions, on le rejette, & on en
ſubſtitue un autre, juſqu'à ce qu'on découvre quelque choſe de bien fondé. Comme il s'agiſſoit dans
notre cas de chercher une règle ſur les changemens
de temps, je ne ſavois à quoi les rapporter, ſi ce
n'eſt aux phaſes de la lune, & aux autres ſitua-
tions de ce ſatellite par rapport au ſoleil & à la

terre. Il eſt vrai que les Savans & le Peuple ont des opinions bien oppoſées ſur cette matiere, les uns & les autres ayant été peut-être trop loin, ceux-ci attribuant tout à l'influence de la lune, & ceux-là ne lui accordant rien. Examinons de plus près la queſtion.

127. La préſomption s'élève d'abord en faveur de l'opinion populaire, car on ne peut pas nier l'action de la lune ſur les eaux de l'Océan ; ce qui étant accordé, il eſt difficile de lui refuſer une impreſſion analogue ſur l'athmoſphère. Les plus habiles Phyſiciens de notre ſiècle ont vérifié celle-ci par leurs calculs ; mais ces calculs faiſoient cette action trop petite pour être ſenſible dans le baromètre. Cependant, le célèbre M. Lambert a indiqué la maniere de découvrir par le moyen des obſervations, s'il y auroit dans le baromètre des variations dépendantes de l'action de la Lune. On obſerve une grande différence dans la marée entre les temps du paſſage de la Lune par ſon apogée, & ceux du paſſage par le périgée. Cela eſt connu : & voyez la table.... (a) De même, conclut M. Lambert, en additionnant les hauteurs du baromètre pour ces deux temps, & pour pluſieurs années, on découvrira s'il y a quelque différence. C'eſt ce qu'il eſſaya de faire dans un Mémoire latin inſeré dans les *Acta Helvetica*, *vol.* 3 ; il trouva des réſultats bien favorables, mais douteux en quelque ſens, de maniere qu'on les *décideroit* par les obſervations d'une ſuite plus longue d'années.

128. Je me hâtai de remplir les vues de M. Lambert, afin de poſer le fondement de l'influence

____

(a) *Voyez* les éclairciſſements & additions.

lunaire fur l'athmofphère , fi elle étoit vraie. Ayant donc pris cinq hauteurs du baromètre pour cinq jours autour de chaque paffage de la lune, tant par fon périgée que par fon apogée, j'eus pour chaque année la hauteur moyenne de l'un & de l'autre, & au bout de 48 ans, les moyennes finales. Voici mes réfultats. 1°. De ces 48 ans, 31 furent favorables à l'apogée, c'eft-à-dire, qu'ils donnerent des hauteurs plus grandes ; 17 feulement les donnèrent moindres. Mais, 2°. Par les dernières fommes, la moyenne apogée fe trouva excéder la moyenne périgée d'$\frac{1}{6}$ de ligne par jour. 3°. Les 17 ans d'exceptions fe trouvent combinés avec les apfides de la Lune, fitués près des points équinoxiaux. Il doit fe faire en effet dans ce cas une exception, parce que la Lune agit non-feulement par fa force de gravitation, mais encore par fon mouvement, & fon action fous le cercle équinoxial eft la plus forte. Tout cela combiné avec l'*inertie* de l'air fait accumuler celui-ci fous l'équateur, de maniere que fa maffe détruit en partie les effets de l'attraction. Nous verrons bientôt un autre effet analogue à celui-là.

129. J'ai voulu comparer avec la même méthode les hauteurs du baromètre autour des fyzygies & des quadratures, & j'ai trouvé, 1°. Que les hauteurs autour des quadratures font plus grandes que celle des fyzygies, de maniere que fur 48, il y en a 27 plus grandes, & 21 moindres. Mais, 2°. La fomme totale des quadratures, excède celle des fyzygies, la hauteur diurne des premières étant plus grande que celle des dernières de $\frac{6}{10}$ de ligne. Les obfervations femblent donc jufqu'ici prouver affez clairement l'influence de la Lune fur le baromètre,

&

& conféquemment fur l'athmofphère ; influence qui
ne fauroit être indifférente pour les changemens de
temps. Voyez la table. . . . .

130. J'allai plus loin. Il paroiffoit par les exceptions remarquées dans les hauteurs apogées & périgées du baromètre , qu'il y avoit de la différence
dans l'action de la Lune fur l'atmofphère d'un lieu
à l'autre du Zodiaque, comme on l'obferve auffi dans
fon action fur l'Océan. J'eus donc la patience d'additionner à part toutes les hauteurs du baromètre
correfpondantes à la demeure de la Lune dans
chaque figne du Zodiaque fur 48 années. (Je puis
préfenter la table que j'en ai dreffée). Le principal
réfultat eft que la Lune agiffant avec plus de force
lorfqu'elle eft dans les fignes feptentrionaux , les
hauteurs du baromètre qui y correfpondent font
moindres (comme les marées font plus grandes) :
la hauteur moyenne diurne qui répond au Cancer ,
eft moindre que celle du Capricorne de $\frac{22}{1000}$ de
pouce , ce qui fait à peu-près $\frac{1}{4}$ de ligne.

131. Les fignes du Zodiaque qui s'écartent de
cette règle , font même ici les équinoxiaux , principalement les deux autour du point de la Balance ,
où les hauteurs du baromètre font les plus grandes.
Cela provient de la caufe indiquée ci-deffus (n°.
128), à laquelle il faut ajouter que la Lune venant
des fignes feptentrionaux où elle foulève le plus
l'air , elle entraîne avec elle une maffe d'air qui
jointe à celle qui s'élève naturellement fous l'équateur , fait hauffer le baromètre , au lieu de l'abaiffer.

132. J'ai remarqué encore , que dans les années
où les apfides lunaires occupent les fignes équinoxiaux , les hauteurs du baromètre font les plus
grandes , & elles fe fuccèdent de quatre en quatre

ans ; ce qui , comme je le prouverai par les faits ;
ne fauroit être indifférent pour la conftitution générale des mêmes années.

*§. II. Effai de la détermination des jours fur lefquels
on peut conjecturer des changemens de temps.*

133. L'influence de la Lune fur le baromètre
étant admife , cela feul fuffiroit pour faire entendre
que cet aftre influe auffi fur les changemens de
temps : il faut cependant éclaircir mieux ce point.
par l'examen des obfervations , en déterminant,
s'il eft poffible , d'une manière plus précife , les fituations où la Lune déploie plus fenfiblement fa
force fur l'athmofphère ; d'où l'on pourra tirer des
conjectures fur les jours , *autour* defquels le temps
doit *probablement* changer.

134. Les recherches que l'on a faites fur les marées , ont fait voir que les fyzygies & les quadratures ne font pas les feules fituations où la Lune di-
verfifie fon action combinée avec celle du foleil.
Elles ont *démontré* fix autres fituations dans
chaque révolution de la Lune dans fon orbite ,
par rapport à la terre en général , & aux différens climats en particulier , qui doivent altè-
rer fon action. Ces fix fituations font le *périgée*
& l'*apogée* par la diverfité de diftance de la Lune à
la terre , qui eft d'environ 27000 milles ; les deux
paffages de la Lune par l'équateur, dont je nom-
merai l'un l'*équinoxe afcendant de la Lune* , & l'autre l'*équinoxe defcendant* ; & les deux *luniftices* , ainfi
nommés par M. de la Lande , l'un *boréal* , lorfque
la Lune approche de notre zénit autant qu'elle peut
dans chaque lunaifon ; l'autre *auftral* , lorfqu'elle
s'en éloigne le plus , car il y a une grande différence

d'action , à raison de la direction ou de l'obliquité. Ainsi , il y aura dans chaque révolution de la Lune dix situations , que j'appellerai *points lunaires* , dignes d'être observées , non-seulement par rapport aux marées de l'océan , mais même pour celles de l'athmosphère.

135. Le même M. de la Lande fut le premier qui suggéra aux Médecins & aux Physiciens, d'observer ces dix points relativement aux maladies & à l'état du Ciel. M. de Chanvalon est le seul, que je sache, qui en ait fait usage dans son *voyage à la Martinique* , où dans le Journal des observations météorologiques , il marqua les jours dans lequels tomboient ces dix points ; & l'on y voit , pour le dire en passant , que nul de ces points ne passa sans une altération sensible dans l'état de l'air.

136. J'ai eu le courage de faire la pénible comparaison de mes longs Journaux météorologiques avec ces points lunaires. Je dois avertir que je n'ai pris pour changement de temps , qu'un passage sensible au beau, à la pluye , au vent , au calme , &c. . . ; ce qui est à la vérité défavorable au système ; car si j'avois voulu tenir compte des moindres variations , telles, par exemple, que des vents foibles, des brouillards, des nuages, des mouvemens considérables du baromètre , je crois qu'aucun de ces points n'auroit été sans effet. Néanmoins, en prenant les choses même avec ce désavantage , la force changeante des mêmes points , se montre si clairement, qu'on ne sauroit se refuser d'y faire attention.

137. Je crois devoir dire encore , qu'étant instruit de la marche de la marée en général , je n'ai pris ni l'instant, ni l'heure , ni le jour précis où tomboit une nouvelle lune , un périgée, &c. . . ;

mais en fuivant les obfervations faites fur la marée qui avance ou retarde (je parle des hautes marées du mois) quelquefois de trois ou quatre jours par rapport aux points lunaires ; j'ai pris de même les changemens de temps avec la même *latitude*. Si quelqu'un vouloit me difputer la qualification de quelques points lunaires , je repondrai que dans un fi grand nombre d'obfervations , quelques unités de plus ou de moins , altèrent très-peu la proportion. En fecond lieu , je le prierai d'examiner de bonne foi un Journal météorologique ; par exemple , un de ceux que je citerai ci-après , & j'efpère qu'il fera furpris de l'accord frappant des changemens de temps avec les points lunaires.

138. J'ai placé dans la table fuivante , le réfultat des obfervations de 48 ans (depuis 1725 jufqu'en 1772) , pour le pays qui a été l'objet de ces mêmes obfervations. La première colomne indique le nombre des *points* qui ont fait changer le temps ; la feconde , le nombre de ceux qui ont eu lieu fans changement.

Points Lunaires.	Changeans.	Non-changeans.
Nouvelles Lunes.	522.	82.
Pleines Lunes.	506.	92.
Premiers Quartiers.	424.	189.
Derniers Quartiers.	429.	182.
Périgées.	546.	99.
Apogées.	517.	130.
Equinoxes afcendans.	465.	142.
Equinoxes defcendans.	446.	152.
Luniftices méridionaux.	446.	154.
Luniftices feptentrionaux.	448.	162.

J'entens par ces nombres, que fur 604 nouvelles

lunes, il y en a eu 522 accompagnées de changement de temps, & 82 fans changement, & ainfi de fuite ; il paroît donc que l'obfervation confirme l'opinion populaire fur l'influence de la Lune.

139. Comme on auroit pu à toute rigueur, attribuer ces combinaifons au hazard, ou les regarder comme locales, fuppofition qui auroit été trop injufte, j'ai voulu examiner beaucoup d'autres obfervations, autant que j'en ai pû recueillir ; en voici la lifte.

L'année 1671. par M. Bartholini, à Copenhague.
    1686 - 87. à Capo Corzo, en Affrique.
        (*Tranf. Phil.*)
    1697 - 98 - 99. à Wpminfter, par M.
        Derham.
    1698 - 99. à la Chine. (*Tranf. Phil.*)
    1700. à Halle, par M. Hoffmann.
    1630 - 31 - 35. à la Baye de Hudfon, par
        M. Middleton.
    1741. à Rome, par M. l'Abbé Revillas.
    1744 - 45. à Quebec.
    1751. à la Martinique, par M. de Chanvalon.
    1756, 57 - 58. à Bâle. (*Act. Helvet.*)
    1757 - 1764. à Florence, par M. Targioni.
    1760 - 1762. à Berne. (*Soc. économ.*)
    1767 - 68. à Kiell, par M. Rikermann.

Ces obfervations donnent un nombre à-peu-près égal de points lunaires, & des réfultats qui s'accordent entr'eux, malgré la diftance des lieux & la diverfité des années. Je me fuis laffé de faire d'autres recherches de ce genre. Les derniers réfultats de tous ces pays, mêlés avec les miens, ont donné la Table fuivante, où les rapports font réduits aux moindres termes.

Points Lunaires.	Changeans.	Non Changeans.		Proportion reduite aux moind. term.
Nouvelles Lunes.	950 :	156	=	6 : 1.
Pleines Lunes.	928 :	174	=	5 : 1.
Premiers quartiers.	796 :	316	=	$2\frac{1}{2}$: 1.
Derniers quartiers.	795 :	319	=	$2\frac{1}{2}$: 1.
Périgées.	1009 :	169	=	7 : 1.
Apogées.	961 :	226	=	4 : 1.
Equinoxes afcendans.	541 :	167	=	$3\frac{1}{4}$: 1.
Equinoxes defcendans.	519 :	184	=	$2\frac{3}{4}$: 1.
Luniftices méridionaux.	521 :	177	=	3 : 1.
Luniftices feptentrionaux.	526 :	180	=	$2\frac{3}{4}$: 1.

L'on peut donc parier, par exemple fix contre un, que telle ou telle nouvelle lune amenera un changement de temps, & ainfi des autres, fuivant les rapports indiqués par la Table.

140. Si l'on m'objecte que cette force changeante que j'attribue aux points lunaires, eft quelquefois fans effet, je répondrai, 1°. Que l'on remarquera chaque fois quelque mouvement ou difpofition du ciel à changer. 2°. Que d'autres caufes phyfiques, quoique de moindre force, concourent avec les premieres, & peuvent quelquefois, en fe combinant, fufpendre l'efficacité de la caufe principale. 3°. Qu'à caufe de l'*inertie* de la matiere, dès que l'athmofphère a pris une forte impreffion ou *habitude*, elle ne la perd point aifémeut, quoiqu'elle

fouffre des altérations intermédiaires & des intervalles qu'on peut remarquer même dans les temps opiniâtres de sécherelle ou de pluye ; & qu'enfin, 4°. même dans ces cas extrêmes l'athmofphère n'éprouve de changement que par quelque point lunaire.

141. L'on m'oppofera encore, que la conftitution des pays & des climats eft différente , & que cela doit caufer une grande diverfité , je l'avoue : mais je réponds , 1°. Qu'il y a des *impreffions* générales qui occupent , par exemple , toute l'Europe & de vaftes mers. 2°. Que la diverfité des pays ne fait que diverfifier les changemens & les rendre analogues à la nature de chacun ; par exemple , pendant qu'en Tofcane il fait de la pluye , il fera beau temps au.delà de l'Apennin ; c'eft toujours un changement : ainfi , il y a une alternative de pluyes de fix mois au Malabar & au Coromandel, à caufe de la chaîne des montagnes qui féparent ces deux côtes.

142. Il y a un autre article très - remarquable fur ce fujet ; c'eft le concours de plufieurs points lunaires enfemble , concours occafionné par l'inégalité des trois revolutions de la Lune (*périodique , anomaliftique & fynodique*), & outre cela , par le mouvement progreffif des apfides. Les nouvelles & les pleines lunes fe combinent quelquefois avec les apogées , les périgées , & les autres points : je nomme ceux-ci , parce qu'ils font les plus efficaces. Ces combinaifons altèrent beaucoup les marées , & caufent auffi des perturbations dans l'athmofphère qui deviennent fouvent orageufes. Voici les rapports de leur force changeante , tels qu'ils réfultent de celles que j'ai eu le temps d'examiner.

Nouvelles Lunes avec le périgée. . 168 :   5 = 33 : 1.
. . . . . . Avec l'apogée. . 140 : 21 = 7 : 1.
Pleines Lunes avec le périgée. . 156 : 15 = 10 : 1.
. . . . . . Avec l'apogée. . 144 : 18 = 8 : 1.

143. C'eſt une choſe remarquable qu'il n'arrive preſque jamais de grand orage ſur terre ou ſur mer, qui ne ſe trouve avec quelqu'un de ces points unis ou ſéparés. Cherchez dans l'hiſtoire les orages les plus célèbres par des naufrages, les marées les plus extraordinaires, les inondations, &c.... ; vous les trouverez comme je dis. J'en ai une liſte bien longue, tirée de pluſieurs ſiècles ; & l'examen ſeul de dix-huit années de mon Journal, m'en a fourni 81, dont 3 forment des exceptions, 7 ſont combinés avec les quartiers de la Lune, & 71 ſont liés avec les combinaiſons des points lunaires.

144. Il eſt vrai que ces orages de grande étendue arrivent ordinairement depuis l'équinoxe d'automne juſqu'à celui du printemps, ſur-tout vers le ſolſtice d'hyver (à cauſe du périgée du ſoleil) : mais ils ſeront moins à craindre, ſur-tout en mer, ſi les principes que nous avons poſés les font prévoir.

145. C'eſt pourquoi je me propoſe de publier annuellement un petit *Almanach* qu'on pourra appeller *Météorologique*, à l'uſage de l'Agriculture, de la Navigation & même de la Médecine ; car on obſerve que les maladies *s'exaltent*, & que les malades courent les plus grands dangers dans les jours du mois où tombent les dix points lunaires, qui pourront ſervir de règle pour tirer des conjectures ſur les changemens de temps, avec une ſage précaution.

146. J'ai trouvé par l'expérience qu'il faut ajouter

à ces *points* les *quatriemes jours* , tant avant qu'a-
près les nouvelles & pleines Lunes. Ces *quatriemes
jours* répondent à peu-près aux *fextils* & aux *trines*
des anciens, ou plutôt aux *octans* de la Lune , connus des Aftronomes par cette perturbation qu'on
appelle *variation* , qui eft la plus grande dans ces fi-
tuations-là. L'obfervation m'a convaincu que l'état
du Ciel change alors ou fe difpofe à changer.

147. On m'objectera que je rappelle l'Aftrologie.
Une telle imputation feroit injufte. L'ancienne
Aftrologie dans toute fon extenfion, avec peu de principes phyfiques , en embraffoit beaucoup de précai-
res & de chimériques; elle en faifoit des applications
vaines & fuperftitieufes , & elle péchoit fur-tout par
ce fophifme qu'on appelle *non caufá pro caufá*. Dans
le petit fyftême qu'on vient d'expofer , nous avons
un principe phyfique , donné par la théorie , ap-
puyé fur l'analogie des marées , confirmé enfin par
une forte induction , tirée des obfervations (*a*).

148. Je ne parlerai pas des planetes , & des étoi-

(*a*) Je ne pretends point decider fi l'action de la Lune fur
l'athmofphère dépend entièrement d'une force méchanique , telle
que la gravitation, comme celle qui agit fur les marées, ou fi elle
eft en partie phyfique , comme étant produite , par exemple ,
par la chaleur , la lumière , &c..... Peut être doit elle être attribuée à une forte d'électricité , qui en certains temps s'accroit ou
diminue , paffe du *pofitif* au *négatif* , ou *vice verfá* ; ce qui pourroit produire alors cette évaporation extraordinaire dont j'ai
parlé , qui eft la fource des brouillards , des nuages , des pluyes,
des vents , &c.... Phénomènes qui font liés avec les fituations
de la Lune par rapport au Soleil & à la Terre , dont on a parlé.
Dans cette hypothèfe comme les *trombes de mer* font produites par
une électricité inégale entre une nuée & l'eau , d'où naiffent ces
deux protubérances qui forment la trombe en fe joignant : pareillement, on pourroit dire que ce promontoire d'eau qui s'élève fous
la Lune chaque jour à l'heure de la marée, (à laquelle devroit en
correfpondre une plus grande dans la Lune , s'il y a des mers) eft

les. Si ces aftres influoient fur les altérations de l'air (ce qui, à mon avis, n'eft pas facile à décider) il feroit au moins difficile, & prefque impoffible de connoître cette influence. Dans une multitude de caufes & d'effets : *difficile eft*, comme dit Kepler, *unicuique ovi agnum fuum affignare*.

§. III. *Du retour des faifons & des années* extraordinaires.

149. Ce feroit peut-être affez d'avoir *circonfcrit* les jours des changemens de temps ; mais quand les principes font vrais, ils deviennent féconds. Tâchons donc d'en faire de nouvelles applications: fi elles font juftes, elles confirmeront la probabilité des principes.

150. La force perturbatrice de la Lune fur l'O-céan, fur l'athmofphère, & généralement fur tout le globe, fe déploie particulièrement autour de fes paffages par fes apfides, à caufe de la grande différence de diftance entre ces deux temps. Mais les apfides ne font pas fixes ; elles changent de fituation en avançant directement dans le zodiaque de 40 degrés par an, & achevant une révolution au

---

produit par une électricité inégale entre les deux globes de la Lune & de la Terre, & la marée de l'air ne feroit qu'un effet femblable. Or, de même que la marée de l'eau, eft fort alterée au temps des fyzygies & des apfides, ainfi doit l'être la marée de l'air, & conféquemment l'évaporation univerfelle. L'on pourroit foupçonner que tous les corps de notre fyftême s'électrifent entr'eux par le moyen de la lumière & de l'éther, & cela plus ou moins, felon qu'ils agiffent feuls, ou plufieurs à la fois. Déjà quelque Phyficien Allemand a conftruit fur ces principes des *Planetaires electriques*. Mais ce feroit s'abandonner à des conjectures trop vagues : nous en cherchons de raifonnables, appuyées fur les faits.

bout de 8 ans 10 mois environ ; d'où il doit arriver :

151. 1°. Que les apsides occasionnant dans l'athmosphère une perturbation qui leur est propre ; on la reconnoîtra dans les divers points de leur révolution. Je trouve en effet, en rapportant les marées observées dans un certain Port aux signes du zodiaque, que la marée la plus haute, qui (*cæteris paribus*) répond toujours au périgée, avance d'un signe à l'autre, de proche en proche, & d'année en année, en suivant le périgée lunaire.

152. 2°. L'action directe ou oblique d'une même force, faisant une impression relative à l'obliquité, il doit y avoir une grande différence dans l'impression des apsides lunaires, suivant la situation directe ou oblique dans laquelle elles se trouveront dans le zodiaque. La plus grande impression aura lieu vers les points équinoxiaux, car dans cette situation, l'action lunaire a une direction opposée à celle de la gravitation terrestre. C'est de là que proviennent les grandes perturbations équinoxiales, soit du côté du Soleil, soit de la Lune, sur les marées & sur les mouvemens de l'athmosphère. Je trouve dans les observations sur les marées, que j'ai déjà citées, que la marée moyenne de 1754 (année dans laquelle les apsides étoient dans les signes équinoxiaux), a été la plus grande de toutes celles qui sont comprises dans les observations. Nous avons remarqué ci-dessus (n°. 132.) un semblable *excès* dans les hauteurs du baromètre.

153. 3°. La situation des solstices est remarquable par rapport à un lieu particulier, car l'un s'approche le plus du zénit & de l'action *directe*, l'autre éloigne & rend oblique l'action de la Lune, soit simple, soit modifiée par les apsides. Ce sont donc

quatre fituations extrêmes, qui doivent produire de plus grandes altérations dans les faifons. En effet, l'on peut remarquer avec M. Lambert fur la table des hauteurs *apogées* & *périgées* du baromètre, que les irrégularités ont lieu dans les quatre fituations principales des apfides, dans les équinoxiales par *excès*, dans les folftitiales par *défaut*; mais la perturbation qu'éprouve l'athmofphère, eft également fenfible dans ces deux cas (*a*).

154. Cela pofé, je crois pouvoir tirer deux conféquences fommaires, que je prouverai par les faits autant qu'il fera poffible :

1°. Les faifons & les conftitutions des années, doivent avoir une période à peu-près égale à la révolution de l'apogée lunaire, c'eft-à-dire, de 8 à 9 ans.

2°. Vers le milieu de cette période, c'eft-à-dire, de 4 à 5 ans, il doit y avoir un *retour*; ce qui doit amener le plus fouvent des années *extraordinaires*.

Eclairciffons l'une & l'autre propofition.

155. Pline avoit dit (*lib.* 2. *c.* 97.) que » les » marées au bout de huit ans, font rappellées aux » *principes* de leur mouvement, & à des hauteurs » égales par la révolution de la centième Lune «: *maris æftus per octonos annos ad principia motûs, & ad paria incrementa centefimo Lunæ revocati ambitû;* & en parlant des faifons, (*lib.* 18. *c.* 25.) » que » les faifons fubiffent tous les quatre ans, une ef- » pèce d'*effervefcence*, mais qu'elles en fouffrent une » plus marquée au bout de huit ans, par la révolu-

---

[*a*] M. *Ramazzini*, dans les *conftitutions épidémiques*, remarque qu'en 1690, année *extraordinaire* par les pluyes, par le froid, par les maladies, le baromètre a toujours été plus haut qu'à l'ordinaire. Les apfides de la Lune étoient dans les fignes folftitiaux.

„ tion de la centième Lune « : *tempeſtates ardores ſuos habere quadrinis annis..... octonis verò augeri eaſdem centeſimâ revolvente ſe Lunâ*; d'où l'on voit, quoique Pline n'emploie qu'un nombre rond d'années & de lunaiſons, que les anciens étoient plus obſervateurs que nous ne croyons (a). Nous pouvons maintenant aſſigner la raiſon phyſique de ce retour des marées & des ſaiſons au bout d'environ neuf ans, par la révolution des apſides lunaires.

156. J'avoue que l'indication de Pline m'a engagé à en chercher la preuve dans les obſervations, & j'en ai d'abord trouvé une, entr'autres, dans la la meſure de la pluye. Je remarque en effet, que dans mon pays, les ſommes de neuf années conſécutives de pluye, ſont égales entr'elles ou du moins à peu-près; & on ne retrouve point les mêmes approximations dans d'autres ſommes priſes, par exemple, de 6, de 8, de 10 ans.

On voit dans la table ſuivante, que de cinq ſuites de neuf ans, que j'y ai raſſemblées, une ſeule ſe refuſe à la règle. En comparant de même les meſures de la pluye, données par l'Académie Royale des Sciences de Paris, depuis 1699 juſqu'en 1752, nous avons ſix ſuites de neuf ans, dont trois plus grandes, trois plus petites, mais preſqu'égales entr'elles des deux côtés. Ce point ſera mieux éclairci par la ſuite de cet ouvrage; l'on peut cependant en déduire un corollaire économique : c'eſt que pour évaluer avec préciſion le produit d'une campagne, on doit le fixer ſur un tableau de neuf années conſécutives.

---

[a] Pline paroit avoir eu la même penſée, lorſqu'il dit dans le même livre [18] *Rudis fuit priſcorum vita, atque ſine litteris : non minùs tamen ingenioſam fuiſſe in illis obſervationem apparebit, quàm nunc eſſe rationem.*

Mesure de la Pluye dans le Pays de l'Auteur. | Mesure de la Pluye à Paris.

Mesure de la Pluye dans le Pays de l'Auteur.

Années.	Pluye.	Apogée de la Lune.	Années.	Pluye.	Apogée de la Lune.
1725.	29,99	♄ ♃ ♒ ♓ ♈ ♉ ♊ ♋ ♌ ♍ ♎ ♏	1752.	37,49	♄ ♃ ♒ ♓ ♈ ♉ ♊ ♋ ♌ ♍ ♎ ♏ ♐
1726.	24,75		1753.	39,37	
1727.	45,76		1754.	27,78	
1728.	53,08		1755.	42,80	
1729.	36,39		1756.	39,12	
1730.	34,30		1757.	31,10	
1731.	34,10		1758.	43,75	
1732.	32,01		1759.	36,20	
1733.	34,61		1760.	34,98	
Novennium.	324,99			332,59	
1734.	37,82	♄ ♃ ♒ ♓ ♈ ♉ ♊ ♋ ♌ ♍ ♎ ♏ ♐	1761.	44,25	♑ ♒ ♓ ♈ ♉ ♊ ♋ ♌ ♍ ♎ ♏ ♐
1735.	30,56		1762.	22,45	
1736.	31,18		1763.	37,31	
1737.	23,85		1764.	44,27	
1738.	28,17		1765.	35,52	
1739.	25,33		1766.	28,64	
1740.	22,40		1767.	35,65	
1741.	24,15		1768.	30,09	
1742.	38,99		1769.	41,73	
Novennium	262,45			319,93	
1743.	28,30	♄ ♃ ♒ ♓ ♈ ♉ ♊ ♋ ♌ ♍ ♎ ♏ ♐			
1744.	37,91				
1745.	40,53				
1746.	39,00				
1747.	23,58				
1748.	41,92				
1749.	35,51				
1750.	30,21				
1751.	42,5[illegible]				
Novennium	2[illegible]9,[illegible]				

Mesure de la Pluye à Paris.

Années.	Pluye.		Années.	Pluye.	
1699.	18.	8.	1726.	11.	5.
1700.	20.	0.	1727.	13.	8.
1701.	21.	4.	1728.	16.	1.
1702.	16.	0.	1729.	17	0.
1703.	17	4	1730.	16.	0.
1704.	19.	10.	1731.	10.	3.
1705.	13.	11	1732.	13.	9.
1706.	15.	3	1733.	9.	9.
1707.	17.	11.	1734.	17.	6.
	160.	3.		125.	5.
1708.	18.	0.	1735.	13.	10.
1709.	18.	9	1736.	15.	0.
1710.	15.	9	1737.	15.	11.
1711.	25.	2	1738.	14.	9.
1712.	21.	2	1739.	19.	1.
1713.	20.	7	1740.	21.	7.
1714.	14.	9	1741.	12.	10.
1715.	17.	6.	1742.	12.	9.
1716.	14.	4	1743.	13.	2.
	166.	0.		38.	11.
1717.	17.	8.	1744.	16.	10.
1718.	13.	2	1745.	12.	6.
1719.	9.	4	1746.	14.	5.
1720.	17.	2	1747.	15.	11.
1721.	12.	7	1748.	18.	4.
1722.	14.	6.	1749.	19.	0.
1723.	17.	8	1750.	20.	10.
1724.	12.	4	1751.	23.	2.
1725.	17.	6.	1752.	19.	4.
	131.	11.		160.	1.

157. Quant aux écarts de la nature, qui n'arrivent que trop souvent dans certaines années, ce que nous avons dit des situations des apsides lunaires dans les quatre points cardinaux du zodiaque, peut nous faire trouver une espèce de règle sur ce point. Les apsides reviennent à la même situation après 8 ou 9 années; il est donc probable que les saisons reviendront avec le même caractère & dans le même ordre, & que si une période a été remarquable par une année extraordinaire, soit par les pluyes, soit par les orages, la période suivante ramenera les mêmes phénomènes.

158. Mais il faut remarquer que la situation est semblable dans les deux équinoxes, & que les apsides passent de l'un à l'autre dans quatre ans ou environ : les deux situations opposées des deux solstices présentent la même remarque à faire. Outre cela, les apsides passent d'un équinoxe à un solstice, & du solstice à l'équinoxe en deux ans. De plus, les deux signes qui sont autour de chacun de ces quatre points, ont une situation respectivement égale, un *pouvoir* égal. Il pourra donc arriver, 1°. Qu'une année semblable à l'une des précédentes, sera la quatrieme; 2°. Qu'après une année *extraordinaire*, la quatrieme le sera probablement aussi. Pline l'avoit avancé sur la foi des anciennes observations. C'est de là apparemment que dérive la plainte populaire (chez nous) sur l'année bissextile, que l'on regarde comme une année funeste & de mauvais augure ; & il est possible que cela soit, si on la rapporte à une *quatrieme* année antérieure, soit qu'elle ait été bissextile ou non. Un vieux & habile Econome m'assuroit que l'on étoit sûr, si l'on pouvoit garder ses blés, de les

vendre cherement tous les quatre ans. 3°. Après une année *extraordinaire*, la troifieme peut l'être auffi, parce que les apfides paffent dans deux ans des points équinoxiaux aux points folftitiaux, *&* *vice versâ*. 4°. Deux années de fuite peuvent avoir la même conftitution dangereufe, comme on l'obferve, à caufe du *pouvoir* égal des deux fignes qui font placés à côté de chacun des points cardinaux. 5°. Les années dans lefquelles les apfides fe trouvent dans les fignes intermédiaires ♉, ♌, ♍, ♒ devroient être tempérées & bonnes. J'ai quelque obfervation qui favorife cette penfée, par exemple, l'année derniere 1773.

159. Telles font les conjectures que l'on peut tirer fur les périodes fimples des années. Si on les multiplie, on aura des périodes compofées. La plus remarquable femble être celle de 18 ans (a) : elle embraffe à peu près deux révolutions des apfides, une révolution des nœuds, & cette révolution de 223 lunaifons, appellée *Saros* par les Chaldéens, qui ramène les mêmes mouvemens de la Lune par rapport au Soleil & à la Terre, avec les mêmes inégalités. Mais en multipliant les périodes, il reftera de l'ambiguité d'un an à l'autre, par les caufes que nous avons expofées ci-devant : c'eft cependant quelque chofe que d'avoir trouvé des approximations telles qu'on peut en attendre en Phyfique. La Comete attendue en 1757 retarda plus d'un an, & l'on prédit cependant fon retour. Il fuffit à un

---

(a) J'obferve que cette année (1774) reffemble beaucoup à la dix-huitieme antérieure (1756) par une certaine difpofition aux ouragans qui regnerent cette année là, comme ils ont regné jufqu'à préfent dans celle-ci.

Météorifte

Météorifle, à un Econome, de pouvoir fe tenir fur fes gardes.

160. On ne doit pas s'attendre à un retour exact, même par les principes que nous avons pofés ; car les mouvements des aftres en rigueur font incommenfurables. L'apogée lunaire revient à la même fituation après huit ans dix mois, en négligeant les heures & les minutes : donc à fon premier retour il fe trouvera éloigné de la même fituation avec le Soleil, de deux mois ou de deux fignes ; après la feconde période, de quatre ; après la troifieme, de fix ; de maniere que fi au commencement la faifon étoit l'hyver, après trois révolutions complettes, ce fera le cœur de l'été ; ce qui emporte une fuite différente de météores. Après fix revolutions de neuf ans (en retranchant une année, à caufe de deux mois qu'il faut fouftraire fix fois), c'eft-à-dire, au bout de cinquante-trois ans, le cinquante-quatrieme devroit être femblable au premier défigné, quel qu'il foit. Il faudroit, pour prouver cela, une fuite bien longue d'obfervations. Je remarquerai feulement qu'en 1699 la quantité de pluye tombée à Paris, fut de 18 pouces 8 lignes, & en 1752 (qui eft la cinquante-quatrieme année correfpondante), de 19 pouces quatre lignes, avec la différence de 8 lignes feulement. J'avoue que les années fuivantes ne répondent pas de même. La fomme de la premiere *fuite* de neuf années, eft de 160 pouces 3 lignes ; celle de la fixieme fuite, de 160 pouces 4 lignes, avec la différence prefque incroyable d'une feule ligne.

161. Pour faire mieux connoître ces périodes (que l'on ne doit pas prendre à toute rigueur),

L

j'ajouterai à la table de la pluye que j'ai déjà donnée, une petite chronique des années pluvieu-fes que j'ai tirée de la *Collection Académique*, tom. VI, & d'autres Mémoires. Je ne donne ici que les feules années ; mais je puis indiquer en dé-tail les pays, & d'autres circonftances de ces inon-dations, &c... (*a*). Vous verrez, tant dans la table que dans la chronique, que l'intervalle entre les années *extraordinaires* eft de 4, de 5, de 8, de 9, ou de multiples de ces nombres. Vous verrez que ces années fe trouvent liées avec la fituation des apfides lunaires près des points cardi-naux, & principalement des équinoxes. J'avois foupçonné d'abord que les deux fituations équi-noxiales occafionnoient le plus fouvent des pluyes exceffives, & les folftices la féchereffe ; mais je crois plus vrai de dire que toutes ces fituations caufent en général l'intempérie des faifons ; car on doit remarquer encore, qu'à une longue humidité fuccède ordinairement une longue féchereffe, & *vice versâ*.

———————————————

(*a*) Voyez les Eclairciffements & Additions.

TABLE *des années les plus célébres par les pluyes & par les inondations.*

Avec les Apfides lunaires près des Equinoxes.		Avec les Apfides lunaires près des Solftices.
Années de notre ére.		*Années de notre ére:*
479.	1528.	262.
520.	1532.	457.
587.	1541.	589.
591.	1559.	637.
596.	1564.	647.
676.	1591.	682.
684.	1599. }	716.
883.	1600. }	792.
887.	1608.	858.
906.	1612.	876.
941.	1613.	1014.
1175.	1617.	1031.
1250.	1666. }	1230.
1258.	1667. }	1264.
1281.	1683.	1268.
1321.	1688.	1314.
1330.	1693.	1456.
1333.	1702.	1495.
1369.	1728.	1557.
1401.	1733.	1624.
1405.	1746.	1690.
1421.	1754. }	
1432.	1755. }	
1449.	1764.	
1467.	1765.	
	1772.	

§. *IV. Conjectures sur les heures des pluyes.*

162. Nous n'avons jusqu'ici de conjectures sur les pluyes que par rapport aux années & aux jours. En suivant les mêmes indications, & la méthode des observations comparées, qui sans doute est la seule raisonnable lorsqu'il s'agit de probabilités, j'ai voulu essayer de découvrir quelque chose sur les heures des pluyes. Si mon prédécesseur (*a*), qui a commencé le Journal météorologique, avoit noté les heures & d'autres circonstances des météores qu'il a observés dans ce pays dans l'espace de plus de quarante années, son recueil eût été un trésor de connoissances pour moi & pour la Physique. Il n'observoit qu'à l'heure de midi, qu'il avoit choisie, & il ne se soucioit pas de ce qui arrivoit dans les autres heures, excepté de la pluye, qu'il mesuroit à la fin de la journée, & qu'il notoit dans son journal. Je connois par-là les jours pluvieux ; mais je ne sai ni combien de fois, ni à quelles heures il a plu.

163 Ce n'est que depuis huit ans que je tiens un regiltre exact des phénomènes météorologiques. Je n'eus pas moi-même au commencement le soin de noter scrupuleusement les heures de toutes les pluyes : je me bornai à marquer celles du matin, du soir, du jour & de la nuit. C'est depuis trois ou quatre années seulement que j'y apporte plus de soins parce qu'il m'est venu quelques soupçons dans l'esprit. Enfin , voici quel est le résultat de mes Mémoires.

(*a*) M. le Marquis Poleni. *V.* les Eclaircissemens & Additions.

164. J'ai voulu d'abord examiner s'il pleut plus fouvent pendant la nuit que pendant le jour; & j'ai trouvé qu'il pleuvoit beaucoup plus fouvent pendant le jour; car parmi 1270 pluyes remarquables confignées dans mon Journal, il n'y en a que 389, c'eft-à-dire, à peine le tiers, qui foient tombées pendant la nuit, les 881 reftantes ayant eu lieu pendant le jour; & en fuppofant même que j'euffe oublié quelque pluye nocturne, à caufe du fommeil, & malgré la vigilance de quelques perfonnes que j'ai coutume d'interroger, on ne doit pas croire que ce nombre égalât jamais celui des pluyes diurnes.

165. La caufe de cette différence peut être attribuée à l'électricité de l'athmofphère; car on a obfervé que celle-ci commence à fe manifefter au lever du Soleil, & ceffe de donner des fignes au coucher de cet aftre; d'où l'on pourroit conclure avec quelque vraifemblance, que ce font les rayons de la lumiere du Soleil, qui, en fe frottant dans l'air, y excitent l'électricité. Cette électricité de l'air doit fe porter vers la terre, & entraîner avec elle les vapeurs ou les parties de l'eau, lorfqu'elles fe trouvent raffemblées en quantité; ce qui doit produire la plus grande fréquence des pluyes pendant le jour (a). On pourroit même dire que la

---

(a) Cette obfervation fert à confirmer le foupçon avancé ci-deffus (n°. 148 dans la note), que les corps céleftes peuvent s'électrifer réciproquement par la voie de la lumiere. D'après cette conjecture, la Lune contribueroit à cet effet général par fa lumiere reflechie, en électrifant plus ou moins la terre & l'athmofphere, par exemple, dans la pleine Lune *en plus*, dans la nouvelle *en moins*. Cette électricité en plus ou en moins, pourroit produire également l'élevation & la chûte des vapeurs que

chaleur du jour élève plus de vapeurs, ou qu'en rendant l'air plus léger, elle les fait tomber plus aisément. Cette dernière conjecture est appuyée sur ce qui suit.

166. J'ai voulu aussi examiner s'il pleut plus souvent le matin que le soir, mais je n'ai pas trouvé une grande différence. Cependant, il pleut moins souvent avant qu'après midi, car dans le nombre de 1019 pluyes, j'en trouve 578 arrivées le soir, & 441 le matin. On doit cependant remarquer une espèce d'alternative d'une saison à l'autre : car, dans le printemps, en Avril, en Mai, il pleut plus souvent le soir que le matin. Vers la fin de l'été & dans l'automne, les pluyes & les orages arrivent en général plus souvent le matin, peu de temps après le lever du Soleil, que le soir.

167. On désirera sans doute une règle plus précise sur les heures des pluyes. Je vais hazarder mes conjectures. J'observois quelquefois qu'au lever ou au coucher de la Lune, à son passage par le méridien, soit supérieur, soit inférieur, c'est-à-dire aux heures à peu-près où la marée commençoit à monter ou à descendre *dans la mer voisine* (a), j'observois, dis-je, que le vent se levoit, se calmoit, ou se renforçoit ; tantôt le ciel se couvroit, ou redevenoit serain ; tantôt la pluye commençoit, cessoit, ou devenoit orageuse, &c... ; ce qui me fit

---

l'on observe dans ces temps-là, avec la perturbation de l'air : dans les quadratures, l'électricité seroit médiocre ; d'où proviendroit une espèce de calme dans l'air & dans la mer. Le lever & le coucher de la Lune donneroient aussi quelque impression à l'athmosphere. On en verra bientôt des preuves très-claires.

(a) Le golfe & le port de Venise. *Voyez* les Eclaircissemens & Additions.

foupçonner que la Lune par fa révolution diurne dans les quatre points principaux de l'horifon & du méridien , que j'appellerai les *angles de la Lune* , pourroit regler les heures des pluyes.

168. Cela me porta à divifer une grande planche en 24 colomnes , pour les 24 heures du jour , en diftinguant les 12 du matin des 12 du foir : ayant enfuite parcouru mon journal , je notois chaque pluye (avec le jour du mois & l'année) & je la plaçois dans la colomne correfpondante à l'heure marquée par le journal. Je cherchois fur le champ la fituation où étoit la Lune dans ce moment, en notant le lever par la lettre *L* , le coucher avec la lettre *T* , &c. . . Si la Lune fe trouvoit près ou loin de quelqu'un de ces angles, je tirois une bar-re —. Enfin , le réfultat de cet examen a été que fur 760 pluyes, 646 ont commencé (à une demi-heure près) avec les *angles de la Lune*; 114 feulement fe refufent à cette règle (*a*).

169. Je crois que cet accord fe vérifie à peu-près , lorfque les pluyes ceffent, fur-tout celles d'une longue durée; mais j'avoue que je n'ai pas

---

(*a*) Peut être trouveroit-on ces 114 pluyes combinées avec le lever ou le coucher de quelque planete , ou de quelque étoile ou amas d'étoiles remarquable. M. Grafft affure dans les Mémoires de Petersbourg , qu'il ne fe lève ni ne fe couche aucune pla-nette fans quelque mouvement de l'air. Je penfe que cette influen-ce des planettes & des étoiles mériteroit un plus grand éclairciffe-ment , quoique l'opinion commune foit contraire à cette idée. On prétend , par exemple , que lorfque toutes les planetes fe trou-vent dans les fignes feptentrionaux , elles occafionnent de gran-des chaleurs ; c'eft peut être l'effet du hazard , mais nous l'éprou-vons à préfent à la fin de Juillet & au commencement d'Août (1774). L'hyver de 1770 fut très-froid , & les planetes, excepté Saturne , étoient dans les fignes méridionaux.

eu le temps de vérifier ce point, dont j'ai cependant quelques exemples. Plusieurs pluyes qui ne
s'accordent pas avec la Lune, s'accordent avec le
Soleil, c'est-à-dire, dans les mêmes angles, du
lever, du coucher, &c. ... Je n'ai pas eu non-
plus le temps d'examiner s'il y a quelque heure du
jour plus pluvieuse qu'une autre, & laquelle ce
pourroit être.

170. Cette règle, quelle qu'elle soit, peut être
d'un grand usage pour la campagne, pour les voyages, &c. ... Il seroit donc à propos d'ajouter au
Calendrier que j'ai déjà proposé, les heures du
lever & du coucher de la Lune, & celles de ses
passages par le méridien, quoique celles-ci puis-
sent être aisément déterminées par les deux premières, en prenant le milieu entre les heures du
lever & du coucher pour le passage supérieur, &
entre le coucher & le lever suivant pour l'inférieur,
car on n'a pas besoin de la précision astronomique
pour les usages que nous avons en vue (a).

171. Les heures du lever & du coucher de la
Lune étant marquées, elles indiqueront combien
de temps on jouira chaque nuit de sa clarté, ce
qu'il est très-utile de savoir, pour les ouvrages de
la campagne, pour les voyages, &c. ...

172. Les passages de la Lune au méridien, qui
sont liés aux temps de la haute marée, suivant les
différens ports, serviront de règle pour y entrer
& pour en sortir.

173. On retire un autre avantage de l'indication

(a) Tout ce que l'on peut désirer à cet égard se trouve dans la
Connoissance des temps ; mais il faudroit un petit livre portatif pour
chaque pays qui auroit une différence sensible de latitude.

de

de ces heures. On a obſervé (& c'eſt l'objet d'un proverbe uſité dans un Port voiſin *d'ici*) que les orages & les mauvais temps ſe forment lorſque l'eau *tourne* , c'eſt-à-dire, au commencement de la haute ou de la baſſe marée ; mais avec cette diffé-rence, qu'ils durent plus long-temps ſi la marée monte , & qu'ils ſe diſſipent plutôt lorſque la marée baiſſe, les nuages & les vents ſuivant en quelque ſorte les mouvemens de l'eau de la mer.

174. Les mêmes heures devroient être obſervées par les Médecins & par les Curés , car on croit qu'elles ſont *critiques* pour les malades. Il faudroit encore vérifier cet axiome d'Ariſtote , qui dit que tous les animaux naiſſent dans les heures où la marée monte , *æſtû aſcendente* , & qu'ils meurent dans le temps qu'elle baiſſe , *æſtû recedente* (a).

§. *V. Hiſtoire générale des quatre ſaiſons de l'année , des mois & des jours , utile pour chaque pays.*

E X E M P L E pour le pays de l'Auteur.

175. Il ſeroit bien étonnant que , tandis qu'on cherche avec avidité dans les Hiſtoires des Voya-geurs, quelle eſt la conſtitution & la marche des ſaiſons , des vents, des pluyes , &c..., qui ont lieu en Egypte, au Malabar , au Pérou , & dans d'autres régions éloignées , nous ne ſuſſions rendre compte ni aux étrangers, ni à nous-mêmes , de la conſtitution générale d'un mois ou d'une ſaiſon dans notre propre pays ; cette connoiſſance eſt ce-

---

(a) *Voyez* les éclairciſſemens & additions.

M

pendant d'une grande importance pour les travaux de l'agriculture , & pour beaucoup d'objets publics & particuliers.

176. Les Anciens avoient des Calendriers , qu'on trouve dans les Auteurs d'agriculture (voyez entr'autres Columelle , liv. 11.) où l'on marquoit, outre la defcription des étoiles , dont le lever & le coucher qu'on appelle *poétiques* , dirigeoient les travaux fucceffifs de la campagne , la difpofition des jours à la pluye , au vent , au tonnerre , au beau , &c. . . En un mot , des caractères généraux déduits d'une très-longue obfervation.

177. L'on verra en effet, dans le Calendrier fuivant, que certains jours ou certains temps femblent avoir un caractère marqué. Je ne dirai pas qu'on doive attribuer cela à l'influence de quelques étoiles , ou amas d'étoiles (telles que les Pleyades , les Hyades , Arcturus , Orion , &c...) avec lefquelles le Soleil mêlant fes rayons (ce qui arrive chaque année à peu-près le même jour) caufe une *certaine impreffion* dans l'athmofphère : mais , je penfe qu'il eft utile d'avoir obfervé , & les Anciens eux-mêmes ont reconnu la néceffité de ces obfervations , auxquelles ils ont joint enfuite leurs hypothèfes fur les étoiles confidérées comme fignes , & peut-être comme caufes des mouvemens imprimés à l'athmofphère.

178. Je vais expofer avant tout, la méthode que j'ai employée pour dreffer ce Calendrier. J'ai placé dans une grande table de 12 pages , les 12 mois de l'année , & dans chaque mois autant de colomnes qu'il y a de jours. J'ai noté enfuite d'année en année la *qualité* de chaque jour par un figne repréfentatif. Ces fignes font *S*, qui fignifie *ferein* ou *foleil*, *P*, *pluye* ; *N*, *nuages , temps couvert* ; *N*, *neige* ;

Va., *variable* ; *V*, *vent fenfible* ; *C*, *caligo*, *brouil-lard.* Il y a tel jour qui a deux ou trois marque, par exemple ; *S*, *V*, *foleil & vent* ; *C*, *P*, *V*, *brouil-lard*, *pluye & vent*, &c.... Ayant ainfi marqué tous les jours de ces cinquante années, j'ai addi-tionné par ordre & à part tous les caractères de chaque colomne, avec lefquels j'ai formé le Ca-lendrier fuivant, dans lequel je n'ai employé que quatre fignes ; *S*, *ferein* ; *P*, *pluye* ; *N*, *Va.*, *cou-vert*, *ou variable* ; *V*, *vent*.

179. Ces nombres fignifient, par exemple, que le premier Janvier, dans ces cinquante années, a été 13 fois ferein, 14 fois pluvieux ou neigeux, 19 fois couvert, &c..., & ainfi des autres. Si mon Prédéceffeur eût fait des obfervations plus détaillées, j'en aurois tiré d'autres particularités utiles. Il eft très-intéreffant, par exemple, pour les Cultivateurs, de favoir combien de fois il tombe de la grêle dans une année, & en quels jours. Ainfi, l'on trouvera les jours pluvieux tels qu'ils ré-fultent de l'obfervation ; j'ai déduit les autres ca-ractères par les circonftances, & par mes propres obfervations faites depuis huit ans. Maintenant, je ferai quelques réflexions générales.

180. 1°. Il femble qu'il y a certains jours dif-pofés au mauvais temps, d'autres au beau. Or, j'ai obfervé dans ces deux dernieres années, que fi les jours qui ont un caractère orageux ne font pas tels cette année, du moins ils ne font pas beaux, & ils fouffrent quelque *altération* indé-pendante des points lunaires ; & fi ceux qui font marqués comme beaux, deviennent pluvieux & orageux, ils ont au moins quelque intervalle de calme. 2°. Si un jour même, ou une certaine période

de jours n'a pas les caractères indiqués, ces caractères se préfentent dans les jours les plus proches & dans la période la plus voifine du temps donné; & Pline a bien averti à ce propos (L. 18. C. 26.), *non ad dies utique præfinitos expectari tempeflatum vadimonia.* 3°. Lorfque ces tranfpofitions ont lieu, c'eft fur-tout à caufe des points lunaires qui n'ont pas des jours fixes pendant une période de 19 ans. Dans le Calendrier Julien, où les nouvelles Lunes étoient marquées par le *Nombre d'Or*, on voit çà & là des jours vides dans lefquels les nouvelles Lunes ne tombent jamais, & que l'on pourroit foupçonner être les beaux jours de l'année. Mais les autres *points* peuvent y tomber; & d'ailleurs, les changemens de temps n'arrivent pas au jour précis avec les points lunaires.

181. Quoiqu'il en foit, le Calendrier que je vais donner aura plufieurs avantages. 1°. Il fervira à tracer l'hiftoire des météores & la fucceffion des faifons dans le pays pour lequel j'écris; d'où il fuit qu'il en faudroit un femblable pour chaque lieu, plus détaillé même, s'il étoit poffible, & fondé fur plufieurs fiècles d'obfervations. 2°. Il fervira de guide pour les travaux de l'agriculture; car perfonne ne fera affez imprudent pour entreprendre, par exemple, une longue excavation dans les mois de Mai & d'Octobre, époques des pluyes & des inondations, ou de faire fécher fon grain dans des jours ordinairement pluvieux, &c... &c.... 3°. En joignant aux indications générales de ce Calendrier perpétuel, les règles particulieres tirées des points lunaires qui feront marqués dans l'Almanach dont j'ai propofé la publication annuelle, chacun pourra former des conjectures raifonnables rela-

tivement aux circonſtances où il ſe trouvera placé, & aux opérations qu'il aura en vue.

182. Il auroit été très-à-propos de donner la marche du thermomètre ou de la chaleur, jour par jour, on auroit par-là la température moyenne de l'air; mais j'avoue que je n'ai eu juſqu'à préſent ni le temps ni le courage d'entreprendre un travail ſi pénible (a). Je vais cependant expoſer la marche générale des pluyes, avant d'entrer dans les détails particuliers, en donnant les nombres moyens des jours pluvieux & de la quantité de pluye, mois par mois. Cette connoiſſance eſt la plus importante de toutes pour la campagne. En voici la Table.

____

(a) On trouvera cependant dans le *Calendrier météorologique* qui termine ce Mémoire, une colomne pour la *température de l'air*, que l'Auteur n'avoit pas eu *le temps* de calculer : elle faiſoit partie des *additions* qui ont été envoyées au mois de Février 1775, & on a jugé qu'il falloit l'inſérer dans le *Calendrier* même auquel elle appartient.

TABLE de la pluye, mois par mois.

MOIS.	Quantité moyenne.	Nombre des jours pluvieux.	Nombres composés.
Janvier.	2 , 26.	8 , 60.	10 , 86.
Février.	1 , 80.	7 , 85.	9 , 65.
Mars.	2 , 49.	8 , 33.	10 , 82.
Avril.	3 , 28.	9 , 50.	12 , 78.
Mai.	3 , 38.	11 , 00.	14 , 38.
Juin.	3 , 42.	10 , 00.	13 , 42.
Juillet.	2 , 67.	8 , 00.	10 , 67.
Août.	2 , 70.	7 , 75.	10 , 45.
Septemb.	3 , 08.	6 , 75.	9 , 83.
Octobre.	4 , 10.	10 , 00.	14 , 10.
Novemb.	2 , 89.	10 , 00.	12 , 89.
Décemb.	2 , 51.	9 , 00.	11 , 51.
Quantité moyenne annuelle }	. 34 , 58.	106 , 78.	

183. L'on voit , par rapport à la mesure de la
pluye, 1°. Que le mois le plus pluvieux dans *ce pays*
est celui d'*Octobre* , après lequel on doit compter
ainsi , *Juin , Mai, Avril, Septembre* : 2°. Que le
mois le moins pluvieux est celui de Février (en com-
pensant même les deux jours qu'il a de moins) , auquel succèdent sous ce point de vue *Janvier , Mars,
Décembre*. Mais , 3°. Le nombre des jours pluvieux
ne s'accorde ni avec la quantité annuelle de pluye ,
ni avec celle qui tombe mois par mois. Les mois
de Mai, Octobre & Novembre , sont ceux qui
ont le plus grand nombre de jours pluvieux ; Sep-

tembre, Août & Février font ceux qui en ont le moins. 4°. Si l'on ajoute la quantité de pluye avec le nombre des jours pluvieux, ce qu'il eſt raiſonnable de faire, on trouve que les mois les plus ſecs font ceux de Février, de Septembre, & ceux qui en font les plus proches (Octobre excepté); c'eſt pourquoi l'on doit entreprendre alors de longs ouvrages, des chemins, des chauſſées, des excavations, &c. ... Les mois les plus pluvieux feront ceux de Mai & d'Octobre.

Je vais donner une idée de l'état de chaque mois ; mais je ſupprimerai certains détails en faveur des étrangers, parce que les nombres du Calendrier les ſuppléeront. On le trouvera à la fin.

JANVIER.

184. C'eſt le mois du froid, de la neige, des gelées, des brouillards ; la neige a lieu du 4 au 18, ou ſi l'on veut juſqu'au 25, avec moins de fréquence. Le 19 il n'a jamais neigé dans cette période de 50 ans. Les pluyes ne font pas fréquentes, mais plutôt les vents, & ſur-tout ceux de nord-eſt. Si l'on excepte les quatre premiers jours, ce mois a de belles journées, & celle du 29 eſt une des plus belles de l'année.

FÉVRIER.

185. Ce mois reſſemble aſſez au précédent : de la neige les premiers jours : des froids âpres & des orages, ſur-tout ſi le mois de Janvier a été humide & doux. Le 2 eſt *critique*, car s'il eſt beau, dit-on, nous ſommes à la moitié de l'hyver ; au contraire, s'il eſt pluvieux, l'hyver paroît fini. D'ailleurs,

il y a de très - beaux jours dans ce mois

M A R S.

186. Les quinze premiers jours font ordinairement affez beaux , mais vers le 8 les vents commencent à foufler , & font fouvent orageux , tantôt avec de la pluye & de la neige , tantôt avec
un temps ferein. On voit par la table que les
jours *critiques* pour les orages font les 12, 23,
25 , 29, dans lefquels il y a eu des naufrages
célèbres. C'eft le mois des vents. On commence à
entendre le tonnerre. Nos Païfans obfervent avec
foin de quel point de l'horizon vient le *premier
temps* , (ce qu'ils appellent *tirer printemps*) & de
quel côté il tourne , car ils croyent que les orages
de l'été fuivent d'ordinaire la même route , & ils
en tirent des conjectures fur la conftitution de l'année. Si les orages fuivent la même route , c'eft
peut-être à caufe d'une *impreffion* qui peut refter
dans l'athmofphère , ou d'une reproduction plus
prompte de vapeurs de ce côté là , ou bien d'une
fource particuliere de fluide électrique. Ainfi, l'on
obferve qu'en certaines années de féchereffe , il y a
cependant quelque canton fubmergé par les pluyes.
Avec la nouvelle & la pleine Lune de Mars , c'eft-à-
dire, vers l'équinoxe, l'athmofphère prend un caractère marqué pour trois mois , ou même pour fix , c'eft-
à-dire , une certaine difpofition à l'humidité ou à la
féchereffe , au beau , ou au mauvais temps.

A V R I L.

187. Dans ce mois les vents continuent , les
jours fereins diminuent , & font remplacés par des
jours

jours variables & pluvieux. Il pleut fouvent dix
fois par jour. Les 1 & 25 (avec les 2 , 7 , 16 , 18 ,
27 , 29 Mai ; 3 , 4 , 8 , 14 , 23 , 27 Juin ; 25 ,
28 Octobre ; 2 , 6 , 7 , 8 Novembre) font les
jours les plus fombres & les plus humides de toute l'année ; mais on jouit cependant de la douceur
de la faifon , & fi les gelées blanches ne viennent point *troubler* la campagne , tout eft riant
& végéte à merveille.

M A I.

188. C'eft le mois qui a le moins de beaux jours,
& le plus de pluvieux. C'eft dans ce mois qu'arrivent
ordinairement les débordemens des rivières , à caufe
de la fonte des neiges fur les montagnes. On a fouvent aufli des orages , de la grêle. Les jours les
plus *critiques* font les 5 , 12 , 17 ; les autres font
variables plus fouvent que *couverts* , en quoi ils différent de ceux de l'hyver qui font plus fouvent *couverts* que *variables*. On doit craindre dans ce mois
les brouillards , qui caufent la rouille , furtout vers
le 2 , le 12 , le 22.

J U I N.

189. Ce mois eft aufli pluvieux que le précédent ,
quoique vers le 12 la pluye cefle ordinairement ;
mais le temps refte *variable* jufqu'à *la St. Jean* ,
où il fe met au *beau* jufqu'à la fin du mois. Vers le
15 on a des jours prefqu'aufli chauds que ceux des
mois de Juillet & d'Août. Le 10 & le 28 paroiffent
être dangereux par les orages : les jours de brouillards font les 7 , 14 , 16 , 17 , 21.

N

JUILLET.

190. **Les** trois premiers jours font variables &
pluvieux, & font baiſſer la chaleur. Mais à compter
du 4, les beaux jours reviennent avec la chaleur ,
& ce font les plus belles journées de toute l'année ,
avec une petite interruption vers le 18 , le 24 & le
31 , qui eſt fort remarquable à cauſe du mauvais
temps qui a preſque toujours lieu ce jour là. Les
orages font moins fréquens qu'en Juin ; le 8 , le 24,
& ſur-tout le 28, font les jours les plus *critiques.* Il
ſurvient auſſi quelquefois des brouillards (mais peu
denſes) dangereux pour les raiſins , vers le 10, le 12 ,
le 17 , le 26.

A O U S T.

191. **Les** ſept premiers jours font variables &
pluvieux. Le 10 & le 16 font ordinairement les plus
chauds de l'année. Le 17, le 18 & le 19, font
douteux, mais le reſte du mois eſt beau ; les jours
orageux ne font pas en grand nombre, tout au
plus le 4 & le 17. Les brouillards font moins rares,
mais auſſi moins dangereux.

S E P T E M B R E.

192. **C'**eſt le plus beau mois de l'année ; ce n'eſt
pas qu'il ne ſoit quelquefois *troublé* par la pluye
& par les vents, mais le beau temps reprend bientôt
le deſſus. La chaleur eſt douce, les matinées font
délicieuſes à cauſe de leur fraîcheur, les aurores
très-claires à cauſe de la lumière zodiacale, qui eſt
alors preſque perpendiculaire à l'horizon : telles font

les belles foirées du mois de Mars. Le 11 & le 12 font, comme le 9 & le 31 Août, les jours les moins pluvieux de l'année. Du 10 au 16, & après l'équinoxe, il y a quelques bourrafques, & les orages de mer commencent, parce que la terre & l'eau confervent leur chaleur, tandis que l'air devient plus froid à caufe de la longueur des nuits. Le temps conferve ordinairement la conftitution qu'il acquiert dans la Lune de Septembre, tantôt pendant trois, tantôt pendant fix mois.

OCTOBRE.

193. Les deux premiers jours font affez beaux, mais bientôt le mauvais temps arrive, & dure jufqu'à la fin du mois, excepté quelques jours. On a des pluyes & des vents orageux, fur-tout le 22, le 23 & le 24; les brouillards font fréquens, fur-tout vers le 12, & ils gâtent les raifins. La grêle n'eft plus à craindre, & après le 13 on n'entend plus le tonnerre.

NOVEMBRE.

194. C'eft un mois très-pluvieux, fur - tout du premier au 15; vers la fin, le temps eft plus beau. Les orages & les brouillards font fréquens, & il commence à neiger vers le 20; à la fin du mois, on a quelquefois une femaine de beaux jours, qu'on appelle le *petit été de St. Martin.*

DÉCEMBRE.

195. Quoique l'hyver commence dans ce mois, & qu'il foit affez pluvieux, il a cependant plus

de beaux jours que Novembre, fur-tout vers le 10, & après la Noël ; ce jour de Noël eſt fort fujet au vent, mais il n'a jamais donné de neige dans les quarante-neuf années précédentes ; elle n'eſt fréquente que du 8 au 12, du 17 au 24, du 28 au 31. Les brouillards ont fouvent lieu dans ce mois ; ils durent tout le jour, & ils contribuent avec les frimas & les gélées à rendre le temps fombre & l'efprit chagrin ; en un mot, *c'eſt l'hyver.*

196. Je devrois donner l'*Hiſtoire des Vents*, mais elle eſt trop compliquée en général, & fur-tout dans les *Zônes* tempérées. D'ailleurs, nous n'avons ici ni les *étéſies*, ni les *mouſſons*; ce qu'il y a de plus conſtant, c'eſt que les vents de fud & de fud-eſt, venant de la mer, nous apportent des vapeurs & la matière des pluyes, & cependant toutes les pluyes & les neiges nous viennent par les vents de nord & de nord-eſt (qui en automne & en hyver deviennent orageux) ce font les vents de fud refléchis par les montagnes. En été, il fe leve tous les jours vers le milieu de la matinée un petit vent de fud-eſt, qui eſt un vent de faifon, & qui tourne vers le foir du côté de l'oueſt. Au mois de Mars, ce font les vents fecs de nord-eſt qui règnent. Le fud-oueſt foufle irrégulièrement, & laiſſe *ce qu'il trouve*, ce qui eſt paſſé en proverbe. Les gréles & les ouragans viennent ordinairement par un quart de vent de l'oueſt.

§. *V I. Récapitulation.*

Tel eſt l'ufage que j'ai fçu faire des obfervations météorologiques : dans une matière compliquée, obfcure & incertaine, telle que l'état du Ciel & les viciſſitudes des météores, c'eſt quelque chofe,

ce me femble , d'avoir donné des conjectures ,
qui appuyées en grande partie fur la théorie &
fur l'analogie , & déduites de l'obfervation éclai-
rée , devroient paffer pour probables; du moins
ne feront-elles pas regardées comme chimériques,
& comme mal déduites des principes pofés , &
pourront-elles fervir de fignaux & de points d'ap-
pui pour l'obfervation. D'autres Phyficiens plus habiles, plus heureux, ou mieux pourvus d'obfervations, pourront perfectionner ces vues ; j'aurai du
moins ouvert une voie à des recherches nouvelles ;
j'aurai donné des faits & des réfultats , quels qu'ils
foient, qui ne s'étoient pas offerts aux recherches
des Phyficiens: quant au commun des hommes, puifqu'ils aiment l'efpérance , la conjecture , la prédic-
tion, ils trouveront cet objet rempli dans l'Almanach
que j'ai propofé. Maintenant, je crois devoir reca-
pituler ce que j'ai dit, & le reduire en une feule
vue , fous la forme d'*Aphorifmes météorologiques*.

APHORISMES MÉTÉOROLOGIQUES.

I. Quand la Lune fe trouve en conjonction, en
oppofition, ou en quadrature avec le Soleil, ou
dans l'un de fes apfides, ou dans l'un des quatre
points cardinaux du zodiaque, il eft *probable* qu'elle
produit une altération fenfible dans l'athmofphère ,
& un changement de temps.

II. Les points lunaires les plus *efficaces*, font les
fyzygies & les apfides.

III. Les combinaifons des fyzygies & des apfides
font très-efficaces; celle de la N. L. avec le périgée, porte une certitude morale d'une grande perturbation.

IV. Les autres points ſubalternes acquièrent auſſi une plus grande force par leur copulation avec les apſides.

V. Les nouvelles & les pleines Lunes, qui quelquefois ne changent pas le temps, ſont celles qui ſe trouvent loin des apſides.

VI. On doit obſerver auſſi les *quatrièmes* jours, tant avant qu'après les nouvelles & les pleines Lunes.

VII. On doit encore obſerver, le *quatrième jour de la Lune* que Virgile appelle *un Prophéte très-ſûr*. Si les cornes de la Lune ſont claires & bien terminées ce jour là, c'eſt un ſigne que l'athmoſphère ne contient pas des vapeurs en maſſe; d'où l'on peut conjecturer que le temps ſera beau juſqu'au quatrième jour avant la pleine Lune, quelquefois même pendant tout le mois; on doit craindre le contraire, ſi les cornes ſont obſcures & ſombres.

VIII. Un point lunaire change ordinairement l'état du Ciel produit par le point précédent; on peut dire du moins que le temps ne change le plus ſouvent que par un point lunaire.

IX. Les apogées, les quadratures, les luniſtices méridionaux amènent ordinairement le beau temps, car le baromètre monte alors; les autres points *tendent* à rendre l'air plus leger, aident la chûte des vapeurs, & cauſent par là le mauvais temps.

X. Les points lunaires les plus efficaces, c'eſt-à-dire, les nouvelles & les pleines Lunes, les apogées, & ſur-tout les perigées & leur concours, deviennent orageux vers les équinoxes & les ſolſtices.

XI. Le changement de temps arrive rarement

dans le jour même d'un point lunaire, tantôt il le devance, tantôt il le fuit.

XII. En général, pendant les fix mois de l'hyver, les altérations des marées & de l'air anticipent, & font plus fortes, fans doute à caufe du perigée du Soleil, qui le rapproche de la Terre d'environ deux millions de milles. Dans les fix mois d'été, au contraire, les marées font moindres, & retardent de même que les changemens de temps.

XIII. Dans les nouvelles & pleines Lunes, vers les équinoxes, & même vers les folftices (celui d'hyver principalement) le temps *fe détermine* ordinairement pour trois ou même pour fix mois, au beau ou au mauvais.

XIV. Les faifons, les marées & les années paroiffent avoir une période de 8 à 9 ans, correfpondante à la revolution des apfides lunaires, une autre de 18 ou de 19, & d'autres multiples.

XV. Il y a même une période de 4 à 5 ans, & ces quatrièmes ou cinquièmes années font fujettes aux intempéries (*a*).

XVI. Les pluyes & les vents commencent ou finiffent d'ordinaire à peu près à l'heure du lever ou du coucher de la Lune, ou à celle de fon paffage au méridien, foit fupérieur, foit inférieur, c'eft-à-dire, à l'heure que la marée commence à monter ou à defcendre *dans ce pays*.

XVII. Il pleut beaucoup plus de jour que de nuit, & plus fouvent le foir que le matin.

XVIII. Les ouragans, les orages, les grêles ;

(*a*) On trouve dans les Mémoires de Berne (1767) cet avertiffement : *dans dix ans, l'on a une fort mauvaife recolte, deux fort médiocres, cinq ordinaires, & deux abondantes.*

viennent d'ordinaire par un quart de vent de l'ouest ; cela eſt connu, même aux Antilles : j'ai vu cependant des ouragans venant de l'eſt, mais il faut remarquer que c'étoit dans les heures du matin. Je crois qu'il eſt plus vrai de dire que les orages viennent du côté de l'horizon où ſe trouve le Soleil.

XIX. Il me ſemble qu'on peut obſerver en général que les orages d'été qui ſont ſans vent, n'apportent guères la grêle, mais plutôt des tonnerres ; au contraire, les orages accompagnés de vent donnent peu de tonnerres, mais bien plus ſouvent de la grêle, dont les grains groſſiſſent à raiſon de la violence du vent, & ſont plus rares à proportion de leur groſſeur.

Je crois qu'il convient d'ajouter ici quelques autres indices ſur le temps que l'obſervation paroît avoir admis.

XX. *Ni beau temps fait de nuit, ni nuage d'été, ne durent guères.*

C'eſt un proverbe ; *& un vent levé de nuit dure peu.*

XXI. Les mouvemens du baromètre bien obſervés dans chaque pays, & combinés avec l'obſervation des vents & d'autres ſignes connus, donnent des indices preſque ſûrs de changement de temps.

XXII. Un mouvement lent dans le baromètre, indique une longue durée dans la conſtitution actuelle de l'athmoſphère ; un mouvement bruſque & comme par ſaut indique un temps qui dure très-peu ; dans ce cas, même en montant, il annonce le mauvais temps. L'on peut voir pluſieurs exceptions très-bien expliquées par M. de Luc (*Traité des Baromètres*, n°. 122, *& ſuivant*). Je ne m'étendrai pas ſur cet article qui ſeroit trop long : j'omets

à

à deſſein de parler des ſignes nombreux de beau ou de mauvais temps, que fourniſſent le Soleil, la Lune, les Etoiles, les Nuages, les Montagnes, les Oiſeaux & les autres Animaux, & pluſieurs autres objets que nous avons devant les yeux; on les trouvera dans Aratus, dans Virgile, dans les vieux livres de navigation & d'agriculture, dans des livres *faits exprès*. Ces ſignes ſont connus de la plûpart des hommes, peut-être le ſont-ils plus des Matelots & des Bouviers que des Philoſophes; ils mériteroient cependant d'être examinés en particulier avec les lumières de la bonne Phyſique. Je rapporterai ſeulement ici certains indices généraux ſur les ſaiſons, qui ſont appuyés ſur l'autorité de quelques graves Ecrivains en agriculture.

XXIII. Un automne humide avec un hyver doux, eſt ſuivi d'ordinaire d'un printemps ſec & froid qui retarde beaucoup la végétation; telle fut l'année 1741. (*du Hamel, obſerv.*).

XXIV. Au contraire, ſi l'hyver eſt ſec, le printemps ſera humide; à un printemps & à un été humides, ſuccède un automne ſerein, & à un automne ſerein un printemps humide; en un mot, les ſaiſons ont alternativement une conſtitution différente, & ſe compenſent entr'elles.

XXV. Si les feuilles tardent à tomber en automne, elles annoncent un hyver rude & âpre, apparemment, parce que les vents de ſud ont dominé dans un automme humide & prolongé; d'où il ſuit, que l'on doit s'attendre à voir le vent du nord dominer à ſon tour dans l'hyver, & amener un froid d'autant plus vif, que l'automne a été plus humide : tels furent les hyvers de 1709, 1740, 1770, chez nous. Bacon remarque (*ſylva ſylvarum*) d'après l'observation des Paysans, que lorsqu'il y a abondance de graines dans l'épine - blanche & dans la rose canine, on est menacé d'un hyver rigoureux ; car, c'est aussi un indice que l'été a été fort humide & peu chaud.

XXVI. Si les Gruës & les autres oiseaux de passage, passent de bonne heure en automne, comme en 1765 & 1766, cela annonce un hyver très-froid ; car, c'est un signe que le froid a déja *pris pied* dans les pays septentrionaux.

XXVII. S'il tonne en Novembre & en Décembre, le peuple croit que l'on aura encore le beau temps ; mais s'il tonne de bonne heure, avant que les arbres poussent des feuilles au printemps, on doit toujours attendre un retour de froid (*Mém. de Bern.*); c'est ce qui arriva dans la Suisse en 1765, il tonna au mois de Janvier; les gélées des mois d'Avril & de Mai suivant, causerent de grands dommages.

Achevé le 8 Août 1774.

CALENDRIER GENERAL METEOROLOGIQUE POUR LA MARCHE TRIVISANE

Jours des Mois	JANVIER Température	Serein	Pluye	Vent	Couvert. Var.	FEVRIER Température	Serein	Pluye	Vent	Couvert. Var.	MARS Température	Serein	Pluye	Vent	Couvert. Var.
1	3,7	14	14	5	19	4,3	19	11	4	14	7,5	23	14	4	12
2	4,2	12	14	2	19	4,3	18	19	4	11	7,5	17	16	2	16
3	4,1	15	18	4	12	4,2	14	19	6	13	7,6	16	15	3	19
4	4,1	14	14	3	18	4,2	17	19	5	10	7,8	22	11	3	16
5	3,6	18	14	5	14	4,6	20	14	6	13	8,0	22	16	2	12
6	3,5	21	10	5	17	4,6	16	16	3	17	8,2	16	16	5	16
7	3,7	17	16	0	15	4,7	23	12	2	15	8,3	14	15	6	19
8	3,5	21	13	0	14	4,8	17	11	4	18	8,3	12	14	8	20
9	3,4	17	15	5	17	5,2	21	9	3	19	8,3	21	10	6	17
10	3,5	16	16	4	14	5,5	23	11	2	14	8,1	19	16	2	14
11	3,3	21	10	0	18	5,7	20	13	2	11	8,4	18	16	7	12
12	3,3	21	11	3	14	6,0	21	15	2	15	8,2	17	15	11	16
13	3,5	21	13	3	13	5,7	20	13	2	15	8,3	20	10	5	18
14	3,4	16	16	4	14	5,4	23	8	1	17	8,3	22	11	7	16
15	3,5	18	16	3	13	5,2	24	8	2	14	8,5	18	12	7	16
16	3,4	20	12	6	18	6,4	20	11	2	16	8,7	16	12	3	19
17	3,2	18	18	1	15	5,9	16	20	3	11	8,7	17	19	6	12
18	3,3	19	18	2	12	6,0	18	13	4	14	9,0	16	14	6	16
19	3,5	21	11	6	15	6,6	17	12	3	17	9,3	17	13	4	21
20	3,5	16	13	2	20	6,6	18	11	1	21	9,8	12	12	10	20
21	3,6	17	16	4	19	6,8	17	16	6	13	9,8	14	12	3	20
22	3,5	17	9	5	18	6,8	22	9	3	18	9,7	14	12	4	23
23	3,9	19	18	2	12	7,0	21	15	2	16	9,8	10	19	12	14
24	3,8	20	13	3	12	7,0	16	17	3	15	9,8	11	17	6	19
25	3,8	18	16	5	12	6,9	20	12	4	15	9,8	17	16	11	14
26	3,8	18	13	2	12	5,7	17	11	2	20	9,7	16	9	3	23
27	3,9	19	10	4	15	7,0	20	11	5	13	9,7	19	10	8	16
28	4,5	23	10	1	13	7,0	18	11	4	20	9,8	16	8	8	20
29	4,1	28	8	3	11	6,6	2	4	2	5	9,8	19	18	11	9
30	4,1	24	9	3	14						9,9	15	17	7	15
31	4,3	24	11	0	9						10,1	15	12	3	21

Jours des Mois	AVRIL Température	Serein	Pluye	Vent	Couvert. Var.	MAI Température	Serein	Pluye	Vent	Couvert. Var.	JUIN Température	Serein	Pluye	Vent	Couvert. Var.
1	10,2	15	22	3	7	14,5	12	19	4	17	18,8	15	15	6	18
2	10,6	13	12	4	17	14,7	11	23	3	12	18,6	14	17	4	16
3	10,9	13	17	9	16	14,9	16	17	5	16	18,7	12	22	1	17
4	10,3	17	19	5	11	15,2	21	12	3	16	18,8	18	21	2	11
5	12,0	15	16	5	17	15,3	11	17	7	18	18,7	16	20	0	14
6	11,4	15	18	8	14	15,3	12	18	1	20	18,9	15	18	5	12
7	11,2	12	19	5	17	15,6	13	21	2	14	18,7	12	18	0	19
8	11,4	11	15	7	21	15,6	11	20	5	16	18,8	7	20	5	22
9	11,9	17	15	4	17	15,8	12	17	0	20	18,7	10	19	3	20
10	11,8	11	18	6	18	15,9	9	15	5	25	18,8	11	18	7	19
11	12,1	13	17	6	16	15,8	11	19	3	19	19,2	9	16	0	25
12	11,9	19	8	2	21	16,0	11	20	8	16	19,1	17	10	2	24
13	12,2	19	11	5	17	16,4	10	17	5	20	19,3	17	15	3	18
14	12,2	15	17	4	17	16,2	12	15	3	20	19,7	16	20	5	11
15	12,5	15	13	3	20	16,1	8	18	5	25	19,9	14	19	3	16
16	13,0	11	15	4	24	16,4	12	22	0	16	20,0	16	17	1	16
17	12,7	14	21	4	14	16,6	10	19	7	16	20,0	16	16	1	18
18	13,0	11	18	8	17	16,3	12	21	5	18	20,2	13	16	2	19
19	13,1	13	18	7	16	16,4	13	17	1	18	20,3	16	16	4	17
20	13,3	15	14	2	20	16,6	8	18	2	19	20,7	12	15	4	18
21	13,7	16	13	3	20	16,9	14	19	2	20	20,8	19	15	3	16
22	13,5	16	19	0	16	16,8	12	16	1	18	20,8	17	19	4	12
23	14,1	10	22	6	16	16,9	13	14	3	20	20,7	17	20	4	12
24	14,6	8	17	7	23	17,2	10	19	3	21	20,7	13	18	4	16
25	14,0	5	23	7	25	17,3	11	19	4	19	20,7	19	13	0	18
26	14,1	12	16	4	19	16,6	16	15	3	17	20,7	20	17	2	13
27	13,8	13	18	3	17	17,5	14	21	0	15	20,7	17	21	2	12
28	13,9	11	19	5	18	17,7	14	20	1	15	20,7	16	18	6	12
29	14,1	13	13	4	23	17,8	12	21	3	15	20,7	19	14	3	15
30	14,2	17	13	5	17	18,2	16	16	4	16	20,8	23	12	2	14
31						18,3	16	16	4	17					

Jours des Mois.	JUILLET. Température.	Sérein.	Pluye.	Vent.	Couvert. Var.	AOUST. Température.	Sérein.	Pluye.	Vent.	Couvert. Var.	SEPTEMBRE. Température.	Sérein.	Pluye.	Vent.	Couvert. Var.
1	20,9	13	13	3	20	21,8	16	19	1	16	20,7	22	10	1	17
2	21,0	16	12	3	20	21,7	17	17	4	16	20,6	20	15	2	14
3	21,0	15	18	3	16	21,7	14	10	4	25	20,2	17	13	1	19
4	21,0	22	17	4	11	21,7	19	11	4	18	19,6	17	14	1	18
5	21,1	24	13	2	11	21,9	20	12	3	16	20,1	23	11	2	15
6	21,1	23	13	2	14	21,7	13	16	5	17	20,1	21	11	2	17
7	21,2	21	7	3	21	21,7	17	16	2	16	20,1	22	10	2	15
8	21,2	23	12	5	12	21,7	20	9	3	20	20,2	15	12	2	22
9	21,1	24	15	4	10	21,7	27	5	1	18	20,1	18	12	4	20
10	21,0	18	15	4	15	21,8	29	10	3	9	20,1	20	13	2	15
11	21,5	18	15	4	15	21,7	18	13	2	18	20,0	21	5	4	23
12	21,6	22	11	3	15	21,6	18	14	6	14	19,8	27	6	5	16
13	21,8	28	12	2	9	21,6	19	11	3	19	19,6	21	7	3	21
14	21,7	29	11	4	8	21,6	14	15	3	21	19,6	18	14	2	16
15	21,9	24	12	3	13	21,4	18	22	2	10	19,6	19	15	2	16
16	21,9	25	12	3	12	21,5	25	11	2	14	19,4	22	12	2	15
17	21,9	27	8	1	15	21,4	17	18	4	14	19,1	17	15	2	18
18	22,4	15	16	1	16	21,0	16	14	3	17	19,1	14	14	2	20
19	22,2	14	15	5	18	21,0	18	9	4	21	18,9	14	11	0	23
20	22,1	15	18	4	16	20,9	22	14	1	14	18,7	15	11	1	23
21	22,2	21	12	2	16	21,0	24	16	4	9	18,4	19	13	1	17
22	22,1	22	15	3	12	21,1	21	13	1	14	18,2	13	16	4	18
23	22,2	26	9	3	11	21,0	23	8	3	18	18,2	14	22	2	14
24	22,3	17	14	5	15	21,0	25	8	3	15	18,2	12	11	3	24
25	22,3	26	13	2	11	21,2	23	6	3	20	18,0	19	10	5	18
26	22,1	20	16	4	11	21,0	24	12	2	14	17,6	17	8	5	22
27	22,1	19	14	5	16	21,0	19	13	3	17	17,5	19	8	4	17
28	22,1	23	10	6	13	20,9	20	12	2	18	17,3	20	9	5	16
29	22,1	23	9	4	16	20,8	25	10	2	14	17,3	21	8	5	17
30	22,1	22	14	2	13	20,7	21	14	1	13	17,1	22	10	1	15
31	22,1	14	16	2	19	20,5	24	4	2	21					

Jours des Mois.	OCTOBRE Température	Sérein	Pluye	Vent	Couvert Var.	NOVEMBRE Température	Sérein	Pluye	Vent	Couvert Var.	DECEMBRE Température	Sérein	Pluye	Vent	Couvert Var.
1	17,3	27	11	3	12	11,6	14	18	3	17	6,7	17	14	5	14
2	17,1	23	10	3	15	11,7	13	23	5	14	6,4	17	20	2	13
3	17,1	15	15	3	20	11,0	19	19	1	11	6,4	17	11	2	19
4	16,6	14	20	3	15	10,9	16	12	2	20	6,3	9	22	2	16
5	16,4	15	18	4	16	11,2	11	19	0	19	6,0	9	16	2	19
6	16,2	11	19	4	18	10,6	15	24	2	7	6,0	14	20	4	15
7	15,9	14	15	3	18	10,4	19	22	6	8	6,1	15	18	2	15
8	16,2	16	14	3	17	9,9	13	21	3	16	5,8	11	15	5	19
9	15,9	20	13	6	15	10,1	13	18	5	16	5,8	15	12	1	19
10	15,7	21	17	0	12	10,7	17	16	2	14	5,8	21	13	2	15
11	15,5	18	15	1	17	10,0	18	15	1	12	5,7	12	17	0	14
12	15,2	13	18	7	14	0,0	14	20	3	12	5,4	16	13	1	17
13	15,1	10	16	1	19	9,7	13	21	3	17	5,4	13	13	0	19
14	14,9	14	17	5	16	9,5	15	17	3	18	5,3	17	17	2	10
15	14,8	16	19	3	14	9,5	16	15	0	18	5,4	14	15	2	18
16	14,7	14	16	3	18	9,1	13	19	3	16	5,3	11	16	0	21
17	14,7	13	11	4	23	8,3	19	13	2	18	5,4	16	19	3	11
18	14,2	16	17	3	15	8,6	12	16	3	21	5,3	17	14	3	15
19	14,1	12	18	3	18	8,4	17	18	5	14	5,2	12	18	2	15
20	13,9	11	18	4	19	8,3	12	22	3	17	5,0	16	10	1	21
21	13,9	22	12	1	14	8,0	15	17	4	16	5,0	16	14	4	15
22	13,2	14	16	5	16	7,5	17	18	6	14	4,9	16	19	2	12
23	13,2	14	16	6	16	7,8	18	16	2	14	4,9	15	18	8	16
24	13,2	15	19	6	12	7,3	16	12	1	20	4,6	14	17	5	16
25	13,0	13	21	3	14	7,3	18	19	4	13	4,5	18	16	8	9
26	12,8	12	16	1	22	7,2	21	19	3	10	4,6	21	14	4	11
27	12,8	16	17	1	17	7,2	18	16	4	12	4,5	15	18	3	16
28	12,8	16	20	2	11	7,0	24	10	6	12	4,4	18	16	2	13
29	12,3	16	14	3	15	7,1	20	14	4	14	4,4	14	15	2	17
30	11,9	17	18	3	13	6,9	19	11	2	18	4,1	11	21	3	6
31	12,3	21	15	3	11						4,0	19	4	11	16

ECLAIRCISSEMENS ET ADDITIONS

Au Mémoire précédent (a).

JE déclare , en premier lieu , que les obfervations dont j'ai fait ufage , ont été faites en grande partie à Padoue par feu M. le Marquis Poléni , de l'Académie des Sciences; &c..., M. l'Abbé Poléni & Madame Pontedera , fes dignes enfans , me les ayant communiquées. Elles comprennent quarante années , (1725-1764) : les miennes commencent en 1766 , & s'étendent jufqu'au temps où j'écris ; la lacune a été remplie au mieux par M. l'Abbé Poléni.

En fecond lieu , lorfque je dis *mon pays* , j'entens parler en général de la Lombardie , & plus particulièrement de la *Marche - Trivifane* , de la Ville & du Territoire de Padoue. Pour la Mer & le Port *voifin* , j'entens parler du Golfe & du Port de Venife.

N°. 117. Après la table de la *température des années* , tirée de mon livre *della vera influenza degli Aftri , &c.* .. Ajoutés :

Cette table marque les degrés du chaud & du froid , pris au-deffus & au-deffous du *temperé de ce pays* , (c'eft-à-dire , du degré conclu par un milieu pris entre tous les degrés *moyens*) qui fe reduit à 12 , 8 degrés de Réaumur ; cette table

---

(a) *Voyez* la note du n°. 117. du Mémoire.

marque, dis-je, les degrés fuivant la règle d'A-montons ; mais reduite à l'échelle de M. le Marquis Poléni (*Tranf. Philof. n°. 421.*) en pouces & centièmes de pouce, mefure de Londres.

N°. 127. J'ai cité *obfcurément* mes tables du baromètre & de la marée, imprimées à Padoue fous ce titre : *Novæ tabulæ barometri æftufque maris 1773, in-4°.* Les mêmes tables, avec le mémoire qui les accompagne, traduit en Italien, ont été inferées dans le *vol. IV.* du *Giornale de' letterati d'Italia*, qui s'imprime à Modène, *Juillet & Août 1773.*

N°. 140. Ajoutez: l'on a pu remarquer cet été dernier (1774) que durant la fécherefle des mois de Juillet & d'Août dans ce pays, il n'y a eu que deux pluyes remarquable, le 21 Juillet & le 18 Août, diftantes de 28 jours, l'une & l'autre amenée par le périgée.

N°. 161. Il y a une *chronique des années pluvieufes*, &c... Je l'ai publiée avec un petit Mémoire dans le *Giornale d'Italia* pour l'agriculture, qui s'imprime à Venife chez *Miloco*, *Juin 1772, vol. IX.* Elle fe trouve là en plus grand détail. Je l'ai augmentée par d'autres Mémoires, & je me propofe d'y faire encore d'autres additions.

N°. 174. A la fin, ajoutés : j'ai fait fur les temps des pluyes une autre obfervation que voici. Dans l'aphorifme IX, je dis que les périgées de la Lune paroiffent donner de la pluye, foit en diminuant le poids de l'athmofphère, foit en augmentant l'évaporation de la terre, tandis que par des raifons contraires, les apogées *portent* au ferein. J'ai voulu vérifier cela dans les 40 années des obfervations de M. le Marquis Poléni, en additionnant d'un côté les

jours de pluye compris dans les demi-revolutions
anomaliftiques de la Lune autour du périgée, pris
au milieu, & d'autre côté, le nombre des jours
femblables dans les demi-révolutions autour de l'a-
pogée, l'une & l'autre eft d'environ 14 jours, mais
je n'en ai donné que 13 au périgée, à caufe de la
plus grande vitefle de la Lune autour de ce point.
Cependant, j'ai trouvé que les jours pluvieux ap-
partenans au périgée, dans ces 40 ans ont été
2153, & ceux de l'apogée 2001, l'excès du périgée
eft de 152 jours ou d'$\frac{1}{14}$, c'eft-à-dire que pour 13
jours pluvieux autour de l'apogée, il y en a 14 pour
le périgée. J'ai fait dans le même temps une autre
remarque. Dans l'une & dans l'autre de ces périodes il fe trouve des vides, c'eft-à-dire, des quin-
zaines de jours fans pluye. Les vides du périgée ont
été 40, ceux de l'apogée 49. Voilà donc la *propen-
fion* de l'apogée au ferein, du périgée à la pluye,
prouvée d'une autre maniere. Ce fera une nouvelle
règle pour tirer des conjectures fur l'état du Ciel.

J'ai voulu auffi examiner les jours de pluye par
rapport aux phafes de la Lune, en prenant chacune
d'elles au milieu, de la maniere ci-deffus expliquée,
& j'ai trouvé dans le cours de 40 années les réfultats fuivans :

Jours pluvieux des. . . . $\begin{cases} \text{Syzygies.} . . \ 2297. \\ \text{Quadratures.} \ 1854. \end{cases}$

Différence. . . . . $443 = \frac{1}{5}$.

Vides des pluyes dans les $\begin{cases} \text{Quadratures} \ . \ 236. \\ \text{Syzygies.} . . . \ 161. \end{cases}$

Différence. . . . . $75 = \frac{1}{3}$.

L'on voit donc, fuivant l'aphorifme IX, que

les quadratures *penchent* au *beau* , & les fyzygies
à la pluye ; ce qui donne une règle *de conjecture*
encore plus générale que la précédente.

N°. 181. Les nombres inferés dans la colomne *température* du Calendrier météorologique, expriment la
température *moyenne* de chaque jour , déduite des
obfervations de M. Poléni. Le thermomètre qu'il obfervoit & qui exifte encore , eft femblable à celui
d'Amontons , (très-utile pour marquer les petites
différences) mais il a une échelle particulière , dont
le nombre 47 , 30 marque le terme de la glace , 63 ,
10 celui de l'eau bouillante. Chaque degré de l'é-
chelle de M. Poléni eft égal à 5 , 0633 de Réaumur ;
d'où il a été facile , en conftruifant une échelle de
comparaifon , de reduire les degrés de M. Poléni
en degrés de Réaumur , tels que je les donne dans
la table.

2°. M. Poléni tenoit fon thermomètre dans une
chambre expofée au fud-eft , c'eft-à-dire affez tiède ,
ce qui ne permet pas de connoître le degré de l'air
extérieur , & je ne vois pas de moyen de réduc-
tion , les différences entre les thermomètres expofés à l'air libre , & ceux qui font renfermés dans une
chambre étant très - variables. Mais ici nous ne
cherchons que la marche progreffive du thermomètre d'une faifon à l'autre , & nous l'avons.

3°. M. Poléni avoit choifi pour obferver, l'heure
de midi environ , qui eft une heure des plus chaudes
de la journée ; c'eft pourquoi on ne doit point être
étonné fi la température moyenne dans les plus
grands froids de l'hyver , fe trouve toujours affez
au-deffus du terme de la glace. Il faudroit un autre
Calendrier , dreffé pour une autre heure (au lever
du Soleil , & à trois heures après midi) & fur

un thermomètre expofé à l'air libre. J'en ai un Journal de fix à fept années, mais je n'ai pas à préfent le temps de le compiler.

4°. Le jour du plus grand froid de l'année à Padoue eft le 17 Janvier, le plus chaud le 18 Juillet. J'ai remarqué à peu-près la même chofe dans le Calendrier qu'a donné le P. Cotte dans fon *Traité de Météorologie* (que je n'ai vu qu'après avoir envoyé mon Mémoire à Montpellier); le froid même eft plus hâtif à Paris. On ne doit pas donc regarder comme exactement vrai ce que l'on trouve à cet égard dans les livres de phyfique, & ce que j'ai dit moi-même (*n°*. 118.) que le grand froid & le grand chaud arrivent plus de 40 jours après les folftices. On voit que cela fe réduit à 27.

5°. Le *temperé* pour ce pays, pris comme je le difois ci-deffus, fe reduit pour Padoue à 12, 8 degrés de Réaumur, quoiqu'il fût plus haut dans les premières années de la période obfervée; mais le froid a toujours été croiffant. Or, ce degré de 12, 8 tombe à la mi-Avril & vers la fin du mois d'Octobre. Si le *temperé* doit fe trouver au milieu des faifons *moyennes*, le plus grand froid au milieu de l'hyver, le plus grand chaud au milieu de l'été, la diftribution la plus jufte des mois fera celle - ci. Mars, Avril & Mai pour le printemps; Juin, Juillet & Août pour l'été; Septembre, Octobre & Novembre pour l'automne; Décembre, Janvier & Février pour l'hyver.

6°. La marche du thermomètre ou de la chaleur dans le cours de l'année, foit qu'elle croiffe ou décroiffe, n'eft jamais affez réguliere, comme on auroit pu s'y attendre : elle va quelquefois *par fauts*, elle eft tantôt retrograde, tantôt directe, &c....

Quelle peut être la caufe de cette irrégularité, qui eft plus grande encore à Paris, à en juger par le Calendrier du P. Cotte? Se feroit-il gliffé des fautes dans les calculs? 1°. Cela n'eft pas impoffible, à caufe de la grande quantité de nombres qu'il a fallu additionner ou divifer, J'ai tâché d'éviter ou de découvrir ces fautes, en faifant refaire ces opérations par d'autres mains. Je crois que ce défaut n'eft pas la feule caufe de ces anomalies. 2°. Il peut fe faire que quarante années d'obfervations n'ayent pas *confumé* le cercle de toutes les perturbations de l'athmofphère qui influent fur la température des jours. 3°. Ne remarque-t-on pas une plus grande inégalité pour les jours féreins, couverts, pluvieux, &c...? Pourquoi n'en feroit-il pas de même pour la chaleur? Ce font des chofes très-liées enfemble. On peut remarquer en été que les jours féreins augmentent la chaleur, & que les jours couverts & pluvieux la font baiffer. On obferve le même effet en hyver. Ne pourroit-on pas dire, que comme il y a des jours difpofés au férein, à la pluye, au vent, &c..., de même il y en a qui font difpofés au froid & au chaud plus que d'autres? Les Anciens n'étoint point embarraffés à expliquer ces anomalies qu'ils avoient eux-mêmes obfervées; ils les attribuoient au *pouvoir* de certaines étoiles ou conftellations avec lefquelles le Soleil fe trouvoit en conjonction ou en oppofition ces jours-là. Un grand amas d'étoiles caufoit, felon eux, de la chaleur & du *trouble* dans l'athmofphère: les lieux vides d'étoiles, ou qui n'en contiennent que peu ou de petites, tels que *les Poiffons*, devoient caufer le froid. Ces opinions des Anciens étoient-elles fi abfurdes? Ne pouvoient-

ils

ils pas les étayer par les obfervations mêmes? Ne nous ferions-nous pas trop hâtés de les condamner? Ne découvrons-nous pas tous les jours la vérité des chofes qu'ils avoient avancées, & que nous tournions en ridicule, comme des fottifes & des chimères, telles que l'*immunité* dont jouit le laurier contre la foudre, l'art de l'attirer ou de l'éloigner, la force de la torpille, la propriété de l'huile éparfe fur la mer pour arrêter les vagues, &c.. &c.. ?

Dans *la feconde Partie* de mon Mémoire, j'ai oublié (car je me fuis hâté d'envoyer mon Manuf-crit) de nommer l'illuftre M. de Sauvages, Mem-bre de la Société Royale des Sciences de Mont-pellier. Il a été un des *premiers* qui ont rappellé au jour l'influence lunaire ; & fon Mémoire eft copié prefque mot à mot dans l'Encyclopédie.

MÉMOIRE

SUR la Question proposée par la Société Royale des Sciences de Montpellier, pour le sujet du Pr x de 1774.

» Quelle est l'influence des Météores sur la
» Végétation, & quelles conséquences pra-
» tiques peut - on tirer, relativement à cet
» objet, des différentes Observations Météo-
» rologiques faites jusqu'ici ? «

*. . . . . . Quid vesper serus vehat, unde serenas
Ventus agat nubes, quid cogitet humidus auster,
Sol tibi signa dabit. Solem quis dicere falsum
Audeat ?*

                  Virg. Georg. Lib. 1. V. 461. & seq.

Ainsi ce Dieu puissant, dans sa marche féconde,
Tandis que de ses feux il ranime le monde,
Sur l'humble Laboureur veille du haut des cieux,
Lui prédit les beaux jours & les jours pluvieux.
Qui pourroit, ô Soleil, t'accuser d'imposture ?

                Trad. des Georg. par M. Delille.

Ce Mémoire a eu l'Accessit au Prix.

L ES phénomènes les plus ordinaires ne sont pas
toujours les plus aisés à expliquer. De tout
temps on a vu la terre couverte de neige & de

frimas ; les vents, la pluye, la grêle, le tonnerre, &c... font des météores auffi anciens que
le monde, puifqu'ils dépendent néceffairement des
loix qu'il a plu au Créateur d'établir en le formant.
On a été auffi témoin de tout temps de l'influence
de ces météores fur les productions de la terre ;
& cependant on eft encore fondé aujourd'hui à
demander *quelle eft cette influence des météores fur*
les végétaux, en quoi elle confifte, & quelles font
les conféquences pratiques que l'on peut tirer des
obfervations faites jufqu'ici en météorologie.

Les premiers Agriculteurs furent auffi les premiers Obfervateurs *Météorologiftes.* Il paroît que les
Anciens apportoient beaucoup d'attention à l'examen des caufes qui pouvoient nuire ou contribuer
à la fertilité de leurs champs. Les Ouvrages des
Auteurs qui ont écrit fur l'Agriculture, font remplis d'obfervations & de préceptes qui annoncent
un génie obfervateur dans ceux qui les ont faits ;
mais les folies de l'Aftrologie dont ils étoient imbus,
mêlées avec ces obfervations & ces préceptes, en
font un tiffu bizarre dont jufqu'ici on n'a pas pu
tirer beaucoup de lumieres. Lorfque le flambeau
de la Phyfique vint éclairer les différentes branches de l'hiftoire naturelle, ce qui ne remonte pas
bien haut, on fut obligé de revenir fur les pas
des Anciens, de vérifier leurs obfervations, de
comparer, de confronter toutes les circonftances
favorables ou défavorables. On fent bien qu'il a
fallu laiffer écouler un grand nombre d'années d'obfervations avant que l'on pût tirer des conféquences
fatisfaifantes ; & ce qu'il y a de fâcheux, c'eft que
ceux qui font plus à portée de faire ces fortes
d'obfervations, ne font pas ceux qui feroient plus en

état de les faire. Nous n'avons qu'un petit nombre d'Obſervateurs inſtruits, ſur les obſervations deſquels l'on puiſſe compter. Celles de M. du Hamel ſur-tout doivent être diſtinguées. C'eſt à l'aide des obſervations de ce Savant, & de celles que j'ai faites moi-même depuis pluſieurs années, que je vais tâcher de répondre à la queſtion propoſée par la Société Royale. Je ne me flatte pas d'en donner une ſolution complette ; je ne crois pas même la choſe poſſible : dans une matière comme celle-ci, il doit néceſſairement ſe rencontrer bien des exceptions relatives au terrein, au climat, à l'expoſition, &c....

Je parlerai d'abord de l'influence des météores ſur la *végétation* & ſur les *terres en général* ; je paſſerai enſuite à l'influence qu'ils ont ſur les *végétaux*, que je diviſerai en *grains, fourrages* & *arbres fruitiers*. Dans un dernier article je traiterai de l'influence des météores ſur les Inſectes nuiſibles aux végétaux, & ſur le travail des Abeilles. Je réſerverai pour la fin de ce Mémoire, le détail des *conſéquences pratiques* qu'on peut tirer des obſervations météorologiques faites juſqu'ici.

PREMIERE PARTIE.

Influence des Météores ſur les Végétaux

ARTICLE PREMIER.

De la Végétation.

ON appelle *végétation* le mouvement de la ſève dans les végétaux, qui ſert à les nourrir, à entre-

tenir leur vie, à les faire croître, & à les rendre capables de se reproduire. En parlant ici de
l'influence des météores sur la végétation, je ne
prétends pas en expliquer le méchanisme, ni m'engager dans la grande question qui a partagé fort
long-temps les Savans, & qui demeure aujourd'hui
indécise. Je me contenterai d'observer ce qui me
paroît le plus clair, c'est qu'il y a réellement deux
mouvemens de la sève dans les plantes, l'un des
racines vers les branches, l'autre des branches
vers les racines. Les expériences de M. Guettard (*a*) prouvent que les plantes transpirent beaucoup, & que leurs feuilles ont une grande force
de succion. De là je conclurois que le surplus de
la sève qui est administrée aux branches par les
racines, se perd par la transpiration de la plante,
& que les vapeurs de l'athmosphère pompées par
les feuilles, se portent vers les racines, & leur
servent de nourriture.

Cette explication n'est qu'une conjecture que les
observations rendent assez vraisemblable ; mais elles
ne suffisent pas encore pour la tirer de la classe des
conjectures.

Quoi qu'il en soit de la maniere dont la végétation s'opère, voici ce qu'on peut dire de plus probable touchant l'influence des météores sur la végétation.

I. Le grand mobile de la végétation & de l'ac-
croissement des plantes, ce sont les pluyes, ou
plutôt les temps de pluye. Autant les grandes
chaleurs & les longues secheresses sont préjudicia-

(*a*) Mém. de l'Acad. des Sc. 1748. pag. 549. & 1749. p. 265.

bles à la plupart des plantes, autant les pluyes douces & l'humidité, même les *temps couverts*, leur sont salutaires. Il n'est rien de si constant, qu'elles profitent plus en huit jours de ce temps que pendant un mois de sécheresse. Les pluyes & les changemens de temps occasionnent dans l'air des condensations & des raréfactions qui paroissent être les causes premieres de la végétation ou de la préparation de la sève dans la terre, de son atténuation avant que de passer dans les racines, de son mouvement, & peut-être de sa circulation dans les plantes. On peut encore mettre au nombre des causes de la végétation, la variation de pesanteur ou de ressort dans l'air. Il suffit en effet, que l'équilibre entre l'air extérieur & l'air intérieur contenu dans les plantes, soit rompu, pour produire des effets plus ou moins favorables dans les plantes. Comme la pesanteur & le ressort de l'air varient beaucoup dans le printemps, c'est peut-être à cette variation qu'on doit attribuer l'activité de la végétation qui a lieu dans cette saison.

II. Les racines & les feuilles des plantes, ont une grande force de succion, & cette force augmente dans les circonstances favorables à la transpiration. Le grand air, le vent, le soleil augmentent cette force de succion, en favorisant la transpiration.

III. La transpiration n'est pas la seule cause du mouvement de la sève ; car dans certaines circonstances la sève est en grand mouvement, quoique la transpiration soit presque nulle. Dans la saison des pleurs, tout s'oppose à la transpiration : cependant le grand mouvement de la sève est très-sensible. Ajoutons que l'écoulement des pleurs cesse aussi-tôt que les feuilles paroissent ; on sait qu'elles font les principaux organes de la tranfpiration : cependant les pleurs font pouffés vers le haut avec une très-grande force, puifque Mr. Hales les a vu s'élever dans des tuyaux de verre, à plus de vingt pieds de hauteur.

IV. Dans la faifon des pleurs, la fève s'élève nuit & jour ; mais plus le jour que la nuit, & d'autant plus que les jours font plus chauds. S'il fait fort chaud, la liqueur s'élève abondamment dans les tuyaux ; & alors il s'élève auffi beaucoup d'air, qui forme de la mouffe au-deffus de la liqueur.

V. La fève entre en mouvement dès le commencement du printemps, ou même dès que les gelées de l'hyver font paffées. Bientôt après le développement des bourgeons, des feuilles & des fleurs, prouve que la fève eft en action ; alors, comme je l'ai dit, la tranfpiration devient confidérable, & les pleurs ceffent.

VI. Les grandes chaleurs de l'été font moins favorables à la végétation, peut-être parce que la grande tranfpiration épuife les plantes ; peut-être auffi parce que la terre déffechée fournit peu de fubftance aux végétaux.

Quelle qu'en foit la caufe, il eft certain que les arbres font peu de productions depuis la mi-Juin jufqu'au milieu du mois d'Août.

VII. Vers ce temps il femble que le mouvement de la fève fe ranime. L'écorce, qui pendant le mois précédent étoit adhérente au bois, s'en fépare auffi aifément qu'au printemps ; les bourgeons qui avoient ceffé de s'étendre, font des productions ; plufieurs arbuftes qui avoient produit des fleurs au printemps, en fourniffent à cette feconde fève ; en un mot, il femble que la végétation, qui avoit
été

été languiffante pendant les chaleurs de l'été, pren-
ne, aux approches de l'automne, une vigueur
prefque femblable à celle du printemps.

VIII. Les fraîcheurs de l'automne arrêtent le mouvement de la fève : les arbres non-feulement ne
font plus aucune production, mais de plus ils perdent leurs feuilles, & femblent être dans un état
de mort. Néanmoins il eft prouvé que pendant
cette faifon, pourvu qu'il ne gèle pas, le mouvement de la fève fubfifte ; car les fleurs fe forment peu à peu dans l'intérieur des boutons, &
elles fe difpofent à paroître au printemps ; il fe
forme aufli dans la terre quelques nouvelles racines.

IX. Il n'eft pas douteux que la chaleur de l'air
ne foit très-propre à exciter le mouvement de la
fève, que les fraîcheurs ne la ralentiffent, & que
les fortes gelées de l'hyver ne l'arrêtent.

X. Il ne fuffit pas de tenir les plantes dans un
air fuffifamment échauffé, pour qu'elles végetent
parfaitement ; elles ont encore befoin de l'action
immédiate du Soleil ; fans quoi elles deviennent
étiolées.

XI. Suivant la température de l'air, les productions de la terre font, ou avancées, ou beaucoup
retardées ; & rien n'eft plus favorable à la végétation que la chaleur accompagnée d'humidité : la
fraîcheur & la féchereffe lui font très-contraires.

XII. Dans les temps d'humidité, fi la chaleur
manque, tout pourrit : au contraire, tout fe defféche quand les chaleurs fe joignent à une grande
féchereffe. Les circonftances les plus favorables à
la végétation, font, quand après une pluye il furvient un temps couvert accompagné d'un air chaud
& difpofé à l'orage.

Q

XIII. L'humidité favorable à la végétation, n'eſt pas tant celle des arroſemens que celle des pluyes & des roſées. Au reſte, les arroſemens deviennent bien plus avantageux aux plantes, quand on les fait lorſque le temps eſt diſpoſé à l'orage, que quant il eſt beau & ſerein. La pluye eſt preſque auſſi utile aux plantes aquatiques qu'aux terreſtres, non pas à cauſe d'une vertu particuliere à l'eau des pluyes, mais plutôt, parce qu'une même eau produit des effets très-différens, ſelon qu'elle eſt employée dans un temps chaud ou froid, ſerein ou couvert.

XIV. Il paroît donc que le jeu de la ſève dépend en grande partie, ainſi que je l'ai déjà fait obſerver, de la raréfaction & de la condenſation de l'air & des liqueurs ; mais il ne faut pas croire qu'il en dépende uniquement. On apperçoit dans la nature d'autres agens très-puiſſans. Qui ſait ſi quelques-uns ne peuvent pas produire les effets dont nous cherchons la cauſe ? La vertu magnétique & l'électricité peuvent être rapportées pour exemples de ces agens ſinguliers, & nous faire ſoupçonner qu'il en exiſte d'autres qui nous ſont inconnus, & qui peuvent coopérer au mouvement de la ſève. On connoît les expériences de feu M. l'Abbé Nollet, qui font entrevoir que l'électricité influe ſur la végétation (a) ; ne pourroit-on pas dire, par exemple, que ſi les pluyes & ſur-tout les pluyes d'orage ſont favorables aux plantes, c'eſt parce qu'elles abſorbent la matière électrique dont l'air eſt impregné dans la circonſtance d'un orage.

(a) Mém. de l'Acad. des Sciences. 1748. pag. 172. & 178.

C'eft peut-être auffi la raifon pour laquelle les plantes profitent davantage dans un temps humide, que lorfque l'air eft fec & ferein. La matiere électrique, qui eft extrêmement divifée & atténuée pendant la féchereffe, n'a pas autant de vertu que lorfque concentrée en quelque manière dans les vapeurs dont l'air eft chargé dans les temps humides, elle acquiert auffi plus de force & d'activité. Quoi qu'il en foit du premier principe de la végétation, il eft certain que la chaleur eft une condition effentielle pour la mettre en action. Cependant toutes les plantes n'ont pas befoin d'un égal degré de chaleur pour végéter ; & de là vient cette variété de plantes, dont les unes fe plaifent dans certains climats, tandis qu'elles ne peuvent fupporter les rigueurs d'un autre.

ARTICLE II.

Des différentes efpèces de Terres.

On diftingue plufieurs efpèces de terres propres à la végétation, ou par elles-mêmes ou par les différentes préparations qu'on leur donne, & les différens mélanges qu'on leur fait fubir. Telles font les *terres franches*, l'*argile* ou *glaife*, le *fable pur*, la *marne*, la *craie* & le *tuf.* Je fuppofe que l'on connoît ces différentes fortes de terres ; j'entre tout de fuite dans le détail des influences des météores fur chacune de ces terres.

I. Il y a plufieurs efpèces de terres *franches ;* Terre franche, favoir, de *blanches*, de *brunes* & de *rouffes.* Les terres *blanches* font les meilleures pour les fromens ; mais elles font plus tardives que les autres, parce que la pluye les pénétre plus difficilement. Les blés ne commencent à profiter dans ces terres que quand les chaleurs du printemps ont échauffé le fol. Jufques-là les blés font peu de progrès ; mais quand ces terres ont été humeĉtées par les pluyes d'Avril, & qu'il vient des chaleurs, les blés y profitent admirablement bien, & ne tardent pas à venir plus beaux que ceux des terres légères, parce qu'en général les blés *tallent* mieux dans les terres fortes que dans les terres légères. Les racines trouvent plus de réfiftance dans les premieres ; elles s'allongent moins & fe ramifient davantage ; ce qui donne au *collet* le temps de groffir. Les pluyes d'été font auffi moins de dégâts dans les terres fortes que dans les terres légères & fabloneufes. On fait que les pluyes d'été ne pénètrent prefque pas ; elles ne détrempent que la furface de la terre, la battent, & y forment une efpece de croûte. Les terres légères, d'où il s'échappe beaucoup de vapeurs & d'exhalaifons, doivent donc être plus battues & plus promptement defféchées que les terres fortes, qui retiennent plus long-temps le peu d'humidité que ces pluyes leur ont procuré.

II. Les terres *brunes*, quoiqu'un peu inférieures aux précédentes, font néanmoins encore fort bonnes pour les grains, elles confervent également bien l'humidité, & elles ont à-peu-près les mêmes qualités que les terres blanches.

III. Les terres *rouffes* font affez bonnes pour le froment dans les années humides ; mais fi peu que l'année foit féche, les terres deviennent alors fort inférieures aux terres brunes & aux blanches ; c'eft pourquoi on les referve particulierement pour les mars & pour les prés artificiels, fur-tout pour les fainfoins.

IV. la *glaife* eft pour ainfi dire, trop terre : elle
eft fort fubftantielle, mais fes pores étant trop
ferrés, les racines la pénétrent difficilement; les
graines qu'on y féme, germent & ne font rien de
plus pour l'ordinaire, parce que la confiftance ferme
& compacte de cette terre, s'oppofe au jeu de la
végétation; d'ailleurs lorfqu'elle eft une fois humectée, il fe forme une croûte à la furface qui ne
permet plus à l'eau de pluye de pénétrer. La terre
glaife ne peut donc produire par elle-même une
bonne végétation; mais lorfqu'on la coupe avec des
fables, & qu'on y met des engrais, elle devient
très-féconde, comme le prouve Mr. Baumé, Apo-
thicaire de Paris, dans un bon Mémoire fur les
argiles, qui a concouru pour le prix de l'Académie
de Bordeaux.

    Glaife.

V. Le fable a des qualités directement oppofées
à celle de la glaife; car l'eau que la glaife retient,
ne fait que paffer au travers du fable, ou plutôt le
fable admet l'eau entre fes parties, tandis qu'elles
mêmes font impénétrables à l'eau, c'eft ce qui
fait que le fable eft bientôt defféché. Les terres
fabloneufes font plus ou moins favorables à la végétation, felon qu'elles font plus ou moins mélan-
gées avec d'autres terres; c'eft pour cette raifon
qu'on diftingue les fables en *fables purs*, & en *fables
gras*. Les fables purs permettent aux racines de s'é-
tendre, mais ils ne fourniffent par eux-mêmes aucune fubftance nutritive, ils ne retiennent pas l'eau
à moins qu'il ne pleuve fréquemment, & qu'ils
ne foient ainfi prefqu'inondés; tout y périt par le
hâle d'autant plus promptement, que le fable s'é-
chauffe beaucoup. Le mélange de la glaife avec
le fable, fait ce qu'on appelle le *fable gras*; c'eft

    Sable.

une excellente terre pour les arbres , quand ce fable a beaucoup de fond. En général le fable gras eft très-fertile , mais il eft difficile à travailler, fur-tout quand la glaife domine, l'humidité en fait alors une terre poiffeufe , qui fe pétrit & s'attache aux outils ; la féchereffe au contraire la durcit, & la rend très-difficile à entâmer. Mais quand le fable domine , la terre eft plus aifée à travailler , elle fe durcit moins par la féchereffe , & les racines s'y étendent mieux. Cette forte de terre eft très-bonne pour les menus grains & pour les potagers.

Marne.

VI. La marne eft par elle-même auffi infertile que le fable pur ; mais étant mélangée avec d'autres terres , elle les rend auffi fertiles que le fable gras ; on ne doit donc la confidérer que comme une efpéce d'engrais. Le mélange que l'on en fait avec d'autres terres , eft ce qu'on appelle *marner* les terres.

Craie.

VII. La Craie eft une efpèce de pierre tendre , dans laquelle les racines ne peuvent pénétrer & qui ne paroît pas contenir beaucoup de fubftances propres à la végétation ; néanmoins quand on entâme la craie à force de bras , pour augmenter la fuperficie des coupeaux qu'on en tire , la pluye, le foleil, la gelée ne laiffent pas de la divifer, & avec le fecours des fumiers, elle devient capable de nourrir quelques plantes ; on s'en fert dans certaines Provinces comme de la marne pour fertilifer les terres.

Tourbe.

VIII. La Tourbe eft une terre fort graffe. Il y en a de deux fortes qui différent entr'elles , en ce que l'une des deux eft beaucoup plus bitumineufe que l'autre. La tourbe bitumineufe eft la moins propre à la végétation. Celle qui eft peu bitumineufe fait

une terre très-fertile , quand elle a été bien labourée , & qu'elle n'eſt point inondée ; mais elle eſt
trop légere & retient difficilement les eaux de
pluye; peut-être feroit-elle très-bonne ſi on la mê-
loit avec des terres trop fortes.

IX. Le Tuf par lui-même n'eſt point propre à la   Tuf.
végétation, cependant à force d'avoir été labouré
& d'avoir reçu l'impreſſion de la gelée & du ſoleil,
ainſi que celle des météores , & étant aidé par des
engrais, on peut le rendre fertile. On fait que les
terres qui ont été employées en mortier , & qui
ſont un véritable tuf, forment des engrais, lorſqu'on les retire des vieilles murailles ; propriété dont
elles ſont ſans doute redevables aux impreſſions du
ſoleil, de la pluye & des autres météores auxquels
elles avoient long-temps été expoſées.

ARTICLE III.

Des Terres en général.

I. La neige en général eſt utile , ſur-tout lorſ-   Influence.
qu'elle tombe avant les gelées ; elle préſerve la   de la neige.
terre & les blés des déſordres de la gelée, parce
que la neige , ſuivant les expériences de Mr.
Guettard (*a*) eſt moins froide dans ſa ſurface qui
touche immédiatement la terre , que dans celle
qui eſt expoſée à l'air libre ; d'ailleurs, la neige en
fondant trouve la terre molle & attendrie, de ſorte
que l'humidité pénétre davantage & ſe conſerve
plus long-temps. Ce n'eſt que dans ce ſens qu'on

(*a*) Mém. de l'Acad. des Scienc. 1762. pag. 402 , 417 , 427.

peut dire que la neige fertilife les terres; car l'ana-lyfe exacte qu'on a faite de l'eau de neige fondue, n'a jamais rien fourni qui pût confirmer cette pro-priété d'engraiffer les terres qu'on lui attribue com-munément. Il ne faut pas croire non-plus que la neige puiffe fournir à la terre une grande quantité d'eau. Il n'y a pas de comparaifon, par exemple, entre la quantité d'eau que fourniffent certaines pluyes d'automne, & celle que pourroit fournir la neige quelqu'abondante quelle fût. Que l'on faffe attention qu'il faudroit au moins fix pouces de neige pour fournir un pouce d'eau. D'ailleurs la neige, qui tombe toujours en hyver & qui trouve la terre durcie par les gelées précédentes, ne la pénétre pas & y demeure fort long-temps fans fe fondre; je l'ai quelquefois vue couvrir la terre pendant trois femaines ou un mois de fuite: pendant ce temps-là il s'en évapore un affez grande quantité; évaporation qui eft caufée par la féche-reffe de l'air, tel que celui qui fouffle dans les temps où le degré de chaleur que peut avoir l'ath-mofphère ne fuffit pas pour fondre la neige. Ce météore n'eft donc favorable à la terre qu'autant que l'humidité qu'il lui procure eft de nature à la pénétrer davantage, & à fe conferver plus long-temps.

Gelée.

II. Les gelées en général ameubliffent la terre, & la rendent plus douce & plus maniable. Il y a cependant certaines circonftances qui rendent les gelées beaucoup plus dangereufes dans certains ter-reins que dans d'autres. Tels font, par exemple, les terreins naturellement humides, comme ceux qui font fitués dans les endroits bas & où les brouil-lards font fréquens. Un potager fitué le long d'une

riviere

riviere ou dans un marais fera bien plus expofé à la gelée qu'un autre qui feroit fitué fur une hauteur ; car dans l'expofition de ce dernier, outre que les brouillards y font moins fréquens, il y règne toujours un air plus fec & plus agité qui diffipe l'humidité, fource unique des dégâts que la gelée caufe aux végétaux, comme je le dirai dans la fuite de ce Mémoire. La gelée agit plus puif-famment auffi dans les terres fraîchement labou-rées, parce que les vapeurs qui s'élèvent conti-nuellement de la terre, tranfpirent plus librement & plus abondamment des terres nouvellement re-muées que des autres. C'eft par la même raifon que la gelée caufe plus de dommage dans les terres légères & fabloneufes que dans les terres fortes, en les fuppofant également féches, les exhalaifons étant bien plus abondantes dans les premières que dans celles-ci.

III. Les pluyes par elles-mêmes font très-avan- Pluye. tageufes à la terre, mais cela dépend des circonf-tances où elles tombent, & de la nature des terres fur lefquelles elles tombent. Par rapport à cette der-niere circonftance, j'ai déjà fait remarquer que les pluyes, plus ou moins abondantes, produifoient des effets très-différens dans les terres franches, argi-leufes ou fabloneufes. La circonftance du temps & de la faifon où les pluyes tombent, peut auffi pro-duire de bons ou de mauvais effets fur les végé-taux. On a remarqué, par exemple, qu'en général les pluyes ne font pas auffi néceffaires à la terre dans les mois de Février, de Mars & d'Août, que dans ceux d'Avril, Juin & Juillet. J'aurai foin dans la fuite de particularifer davantage ces diffé-rentes circonftances plus ou moins favorables. Je

R

me borne ici à une ou deux obſervations générales.

IV. On a remarqué que dans les années ſéches il pleut plus ſouvent qu'ailleurs dans les endroits où la terre a été pénétrée d'eau par un grand orage ; apparemment que les exhalaiſons qui s'élèvent de la terre dans ces mêmes endroits, ſe joignent à celles qui forment les nuées , & les déterminent à ſe réſoudre en pluye.

V. Il peut arriver que les pluyes ſoyent très-abondantes, & que la terre demeure cependant toujours ſéche. Cela dépend de la ſaiſon où les pluyes tombent , & de la maniere dont elles tombent. Les pluyes du Printemps , ſi elles ne ſont pas trop fréquentes, ſont fort ſalutaires, parce qu'elles pénétrent plus facilement la terre qui eſt adoucie par les gelées & les neiges de l'hyver. Mais ſi ces pluyes tombent par orage dans un temps chaud , ou ſi elles ſont ſuivies d'un grand vent d'eſt ou de nord , elles ſont plus de mal que de bien. En tombant avec force , elles battent la terre , la chaleur la durcit , ou le vent du nord la deſſéche , de ſorte que l'eau ne peut plus la pénétrer ; ces pluyes ne ſervent qu'à groſſir les rivieres , & procurent très-peu d'humidité à la terre.

ARTICLE IV.

Du Blé & du Seigle.

On ne peut diſconvenir que ſi les bonnes ou les mauvaiſes récoltes dépendent de la nature des terres auxquelles on a confié la ſémence , elles ne dépendent beaucoup plus encore de la température de l'air, de l'influence des météores, des circonſtances plus ou moins favorables où ils ont lieu. Il eſt donc intéreffant de connoître précifément cette influence bonne ou mauvaife qu'ils peuvent avoir fur les productions de la terre, en comparant les progrès plus ou moins lents de celles-ci avec les variétés obfervées en même-temps dans la température de l'air. Cette comparaifon n'eft pas un fimple objet de curiofité. Elle apprendra au Cultivateur ce qu'il a à craindre d'une température qui femble d'abord ne caufer aucun mal apparent à fes grains, mais dont les fuites peuvent cependant leur être très-préjudiciables. Elle l'inftruira des précautions qu'il doit prendre pour les prévenir, s'il eft poffible. Elle fera connoître au Naturalifte l'origine des maladies auxquelles les grains font expofés; & la caufe une fois bien connue, il lui fera plus facile d'y apporter remede.

Je vais parler d'abord de l'influence des météores fur les grains d'hyver, tels que le *blé-froment* & le *feigle*, ainfi appellés parce qu'ils fe fement avant l'hyver; je pafferai enfuite aux grains qui fe fement en Mars, tels que *le blé de Mars*, *avoines*, *orges*, &c... Je comprendrai auffi les *foins* & autres fourrages dans cet article.

I. Une circonftance favorable aux femailles, c'eft que la terre foit un peu humide, fans cependant être affez humectée pour fe paîtrir. En général, les grandes pluyes d'automne font contraires aux femailles, fur-tout dans les terres fortes & argileufes. Cette grande humidité de la terre empêche que la femence ne foit bien enterrée, de maniere que tout ne lève pas, & les blés font clairs. *Température favorable aux Sémailles.*

II. Ce qui rend la moiffon abondante, c'eft la quantité de tiges que chaque grain peut produire, & c'eft pendant l'hyver que ces tiges fe préparent *Progrès de la végétation du Blé.*

& se multiplient. Le froid qui suspend la végétation empêche l'herbe de croître , mais en même temps les racines se fortifient, elles produisent des nœuds qui sont recouverts de terre , & des jets qui s'élèvent de ces racines qui sont près de la superficie de la terre : voilà ce qui forme les talles. Il y a des circonstances dépendantes des saisons, qui sont singuliérement favorables à ces productions. Dans les hyvers froids où il y a de fortes gelées , bien loin qu'il se fasse des productions en racines & en tiges, les plantes perdent une partie de celles qu'elles avoient faites en automne ; au contraire dans les hyvers doux , il se fait lentement plusieurs productions. Quand les printemps sont froids & secs , il s'en fait peu ; au contraire, les printemps frais & humides sont très-favorables aux talles. Si dans le cas où l'hyver & le printemps ont été contraires à la végétation, il vient des chaleurs vives, les grains montent tout de suite en tuyaux sans avoir tallé ; si au contraire , les chaleurs n'arrivent que quand les pieds ont fait de nouvelles productions en terre & hors de terre , il s'élève plusieurs tuyaux d'un seul grain , & les recoltes en sont plus abondantes.

III. Quand les années sont séches , les grains doivent plus taller dans les bonnes terres franches , que dans les terres légères , parce que celles - ci se desséchent plus promptement. Mais dans les années humides & froides , il arrive que les grains tallent plus dans les terres legères que dans les franches qui sont plus froides.

IV. Les grains tallent plus ou moins , selon qu'ils ont plus ou moins besoin de chaleur pour monter en tuyau. Ainsi, le seigle qui a moins besoin de chaleur que le froment pour épier , ne talle point autant que le froment. Il arrive même quelquefois que lorfque l'automne eft trop douce , le feigle monte en tuyau avant l'hyver , & ces tuyaux délicats font expofés enfuite à périr par les gelées.

V. Le feigle monte en épi trois femaines avant le froment ; fa fleur & fa maturité précédent auffi de trois femaines celles du froment ; d'où il s'enfuit que le feigle a befoin d'une moindre chaleur que le froment pour faire fes productions. Auffi il y a des pays feptentrionaux, comme la Suède, où le feigle parvient à maturité , tandis que le froment n'y mûrit pas.

VI. A l'égard de la température favorable à la végétation du blé , on peut dire en général qu'il faut un hyver plus froid que doux , un printemps humide & tempéré , un été chaud & affez fec , & une automne humide ; l'hyver doit être plus froid que doux , afin que les blés ne faffent pas dans une faifon , des productions qui feroient expofées à fouffrir des gelées affez fortes qui viennent quelquefois au commencement du printemps. Il faut que le printemps foit humide & tempéré ; s'il étoit fec , les blés languiroient & jauniroient ; s'il étoit trop froid ou trop chaud , les plantes ne pourroient pas taller , & les épis feroient clairs.

Un été chaud & affez fec , donne de la qualité au blé , en lui procurant une parfaite maturité , & en mettant obftacle à la multiplication des mauvaifes herbes. Enfin , l'automne doit être humide & douce , pour faire germer & lever promptement le grain & lui donner le temps de fe fortifier , furtout en racines avant les gelées.

VII. C'eft au défaut de ces circonftances favorables, que l'on doit attribuer les différences frappantes & singulières que l'on observe quelquefois entre le temps de la maturité du blé dans une année, & celui d'une autre année. Cette différence va quelquefois à un mois, & elle est dûe toute entière à la somme plus ou moins grande des degrés de chaleur qui agissent sur la surface de la terre, dans les trois mois d'Avril, Mai & Juin. J'ai entrepris sur cet objet, une suite de calcul qui m'a donné des résultats curieux & intéressans, qu'il seroit trop long de rapporter ici. Je dirai seulement que dans le climat de Paris, il faut environ 1100 degrés de chaleur moyenne pendant les trois mois d'Avril, Mai & Juin, pour procurer une bonne végétation & une abondante recolte. Passons aux autres météores.

Influence de la Gélée.

VIII. Je parlerai dans l'article qui concernera les arbres fruitiers, des effets de la gelée à l'égard des végétaux, & je prouverai que les faux degels seuls causent tous les dégâts dont certaines gelées ont été suivies ; que la gelée qui a lieu dans un temps sec, n'occasionne ordinairement aucun dommage, sur-tout aux blés qui ne gelent pas facilement ; car on remarqua en 1740 (*a*) que les blés étoient très-beaux quoique la gelée eût duré deux mois & demi. Ils ne laissent pas même de lever dans les années où les gelées viennent immédiatement après les semailles. Il n'y a donc que les faux degels qui soient contraires aux blés, & cela arrive dans certaines circonstances qu'il est bon de détailler. 1°. Lorsque les terres sont fort humectées, 2°. Lorsque la germination a été retardée, & que

---

(*a*) Mem. de l'Acad. des Sciences, *année* 1741. *pag.* 149.

les blés ne font que de lever dans le temps où le faux dégel a lieu ; 3°. Lorſque la gelée reprend tout-à-coup avec violence ; 4°. Lorſque les feuilles des blés ſe trouvent entre deux glaces ; 5°. Lorſqu'il n'y a point de neige ſur la terre ; 6°. Lorſque la gelée en ſoulevant la terre met les racines du blé dans le cas de ſe trouver à la ſurface de la terre , & les expoſe ainſi à toute la rigueur du froid.

IX. Il eſt avantageux que les gelées ne viennent que quand les grains d'hyver ont pris un peu de force , parce que l'eſpèce d'oignon ou de collet qui ſe forme au-deſſus des racines étant devenu plus gros , il a moins à craindre des effets de la gelée , & ſes productions ſont plus belles ; la continuité des gelées ne peut dans cette circonſtance, qu'être favorable aux blés , en ce qu'elle rend les mauvaiſes herbes plus rares ; elle arrête auſſi le progrès du *charbon*, en faiſant périr les pieds affectés de cette maladie ; car on a remarqué que les blés n'étoient jamais moins charbonnés que dans les années où l'hyver avoit été long & rude.

X. Juſqu'ici , je n'ai parlé que des gelées d'hyver , & nous avons vu qu'en général elles n'étoient pas à redouter pour les blés. Il n'en eſt pas de même des gelées du printemps , qui leur ſont toujours funeſtes , à moins qu'elles n'aient été précédées par une longue ſéchereſſe. Si l'on trouve quelquefois de gros grains dans des épis fort courts , c'eſt à ces gelées du printemps qu'il faut s'en prendre ; ces grains n'ont acquis une groſſeur démeſurée, que parce que la pointe des épis eſt morte. Suppoſons, par exemple , que dans le mois d'Avril , quand les épis commencent à ſe dégager des feuilles, il furvienne une gelée qui endommage la pointe de ces épis naiffans, cette portion meurt, mais le refte continuant à croître ces grains deviennent gros & bien nourris, comme s'il n'étoit point arrivé d'accidens; dans ce cas l'épi eft court, il contient peu de grains, mais ces grains font beaux. Il n'en eft pas de même quand la petiteffe de l'épi procède de la foibleffe de la plante; c'eft ce qui arrive dans les grandes féchereffes, où la plante, faute de fubftance, pouffe avec peu de force; les feuilles, la paille, l'épi font foibles, & dans ce cas les grains font menus. Un autre inconvénient des gelées du printemps, c'eft de rendre les blés ftériles, en affectant particulièrement les organes femelles de la plante; un coup de foleil qui furvient après une pluye abondante, peut produire auffi le même effet.

Neige.

XI. Il eft avantageux pour la confervation des blés en hyver, que la terre foit couverte de neige; car c'eft un fait, que la furface de la neige eft plus froide que celle de la terre qu'elle couvre. Il y a cependant des années où les blés fe confervent très-bien dans les grands froids, quoiqu'il n'y ait point de neige; c'eft ce qui arrive lorfque la terre eft bien féche; elle forme alors une croûte que le froid ne pénètre que difficilement, & les racines du blé fe trouvent à l'abri de la gelée.

XII. J'ai déjà dit que la grande quantité de neige ne contribuoit en rien à la fertilité de la terre, & qu'elle n'influoit pas fur l'abondance de la recolte. Il n'eft point rare, fur-tout dans les environs de Paris, de voir des hyvers où il ne tombe point de neige, & cependant les recoltes n'y font pas moins bonnes que dans les pays où il en tombe beaucoup. Il eft vrai

que

que la neige en demeurant long-temps fur la furface de la terre , y peut retenir les fels qui s'en
élèvent continuellement , & qui en rentrant dans
la terre , lorfque la neige fe fond , peuvent la
rendre plus fertile; il y a certaines pluyes qui produifent auffi le même effet , fi elles fe trouvent im-
pregnées des mêmes fels ; telles font , par exemple , les pluyes d'orage.

XIII. On fait que la grêle eft le plus grand fléau
que les blés ayent à redouter ; il faut remarquer
cependant, que les dégâts qu'elle occafionne font
plus ou moins dangereux, felon que les blés font
plus ou moins avancés. Car , on a fouvent remarqué que lorfque la grêle a haché les blés même
épiés , ils repouffent du pied de nouvelles tiges
qui produifent de petits épis , & la recolte peut
encore être affez bonne. Une fuite ordinaire de la
grêle , & qui eft prefqu'auffi à craindre que le dégât qu'elle fait elle-même en tombant , c'eft de re-
froidir tellement l'athmofphère , qu'il n'eft pas rare
de lui voir fuccèder des gelées blanches , très-per-
nicieufes à toutes les efpèces de végétaux.

Grêle.

XIV. Les brouillards qui font formés par des
vapeurs & des exhalaifons , font fouvent beaucoup
plus utiles que les pluyes pour la nourriture des
plantes. Lorfqu'il font fréquens , ils fuppléent abondamment aux neiges , aux pluyes & aux rofées.
L'humidité qu'ils procurent à la terre s'y conferve
long-temps , & comme ils font toujours chargés
de fels & d'autres exhalaifons , ils favorifent beaucoup la végétation.

Brouillards.

XV. Il n'en eft pas de même de toutes les efpèces de brouillards , particulièrement de ces brouillards froids & fecs qui s'élèvent quelquefois dans

S

le mois de Juin ; c'eſt la cauſe ordinaire de la rouille des blés , ſur-tout lorſque ces brouillards arrivent dans le temps ou le froment eſt dans la plus
grande force de ſa végétation. M. du Hamel (*a*) dit
avoir remarqué pluſieurs fois que quand un rayon
du Soleil aſſez chaud ſuccedoit à ces brouillards
ſecs , il arrivoit quelques jours après que les fromens étoient rouillés. Cette maladie des blés eſt
rare dans les années hâleuſes ; mais quand le
printemps ſur-tout eſt humide , les plus beaux fromens courent riſque d'être perdus par la rouille.
Elle ſe manifeſte ordinairement lorſque pendant
pluſieurs jours ſecs il n'y a point eu de roſée , &
que le matin , après un brouillard ſec le Soleil
vient à ſe montrer. On l'apperçoit d'abord ſur les
feuilles , & bientôt elle ſe communique aux tuyaux,
à moins qu'il ne ſurvienne une pluye qui en
arrête les progrès. Tant qu'elle n'attaque que les
feuilles , elle ne fait point de tort à la plante.

XVI. Il faut remarquer que les brouillards ſecs,
dont je viens de parler, ne ſont point à craindre
pour les blés , lorſque les feuilles ont été durcies
par une longue ſechereſſe qui a précédé, ou lorſque les grains ſont déjà preſque formés dans les
épis. Dans le premier cas, la pouſſière corroſive
de la rouille ne peut pas mordre ſur ces plantes
endurcies ; & dans le ſecond cas, elle ne peut plus
nuire à la végétation du grain; car lorſqu'il a acquis
à peu près toute la groſſeur qu'il doit avoir, il n'a
preſque plus beſoin de nouvelle ſève ; tout le jeu
de la végétation conſiſte alors à raffiner la ſubſtance
laiteuſe dont il regorge.

(*a*) Elém. d'Agric., tom. 1. p. 339.

XVII. La même quantité de pluye qui fuffit dans une année pour produire une récolte abondante, n'eft quelquefois pas fuffifante dans une autre année ; il faut d'autres circonftances. Si, par exemple, les chaleurs font modérées dans une année, elle fera plus féconde avec la même quantité de pluye, qu'une autre année où les chaleurs auront commencé de bonne heure & duré long-temps, & où les nuages n'auront que rarement couvert le ciel. La terre étant plus échauffée, a befoin d'une plus grande quantité de pluye pour acquérir le degré d'humidité favorable aux plantes. Si les pluyes étoient fréquentes & le ciel prefque toujours couvert, la végétation ne fe feroit que lentement, & l'année feroit tardive. Il faut donc que l'intenfité de la chaleur foit proportionnée à la quantité de pluye.

XVIII. Pour que les pluyes foient diftribuées d'une manière favorable à la végétation, il faut qu'elles viennent en Octobre pour faire lever les blés, en Mars & Avril pour faciliter auffi la levée des menus grains qu'on fème dans cette faifon, & pour faire pouffer l'herbe des prés, & en Juillet, pour achever la formation des grains de toute efpèce. Je vais entrer dans quelques détails fur les pluyes de ces différentes faifons, & leurs influences à l'égard des grains d'hyver.

XIX. On a remarqué que les pluyes & les fraîcheurs du mois de Mars faifoient rougir les feuilles des blés. Sans doute que ces pluyes trop fréquentes caufent une altération dans la fève, elles la divifent trop. Si au contraire ces pluyes font petites & peu fréquentes, elles contribuent beaucoup à la fertilité de la terre. Les pluyes même abon-

dantes du mois de Mars, ne forment pas ordinairement des marres dans les campagnes, parce que
la terre ayant été foulevée par les gelées qui les ont
précédées, l'eau s'infinue plus facilement & pénétre davantage.

Pluyes du
mois d'Avril.

XX. Les pluyes qui tombent en Avril font très-
favorables aux blés, & principalement à la paille.
En voici la raifon. Quand en automne le blé germe,
il pouffe en terre plufieurs racines ; & peu de temps
après, il paroît à la fuperficie de la terre quelques
feuilles : à ces premieres feuilles & à ces premieres
racines, il s'en joint d'autres, fur-tout quand l'automne eft humide & douce : à l'endroit de l'infertion des feuilles & des racines, il fe forme, comme
je l'ai déjà dit, une groffeur, ou une efpèce d'oignon : c'eft de cette groffeur que partent de nouvelles racines & de nouvelles feuilles : pour peu
que les gelées d'hyver foient fortes, prefque toutes
les feuilles, & prefque toutes les racines d'automne
périffent ; il faut donc que l'efpèce d'oignon dont
je viens de parler, faffe tous les frais de la récolte, & qu'il produife de nouvelles racines &
de nouvelles feuilles ; c'eft ce qui arrive ordinairement en Avril, quand ce mois eft doux & pluvieux ;
s'il eft au contraire froid & fec, ces racines printannières, ne fe développent que lentement &
foiblement ; & comme les feuilles ne profitent que
proportionnellement au nombre des racines, il en
réfulte néceffairement un retard qui eft très-préjudiciable aux blés. On dira peut-être que quand ces
pluyes ne viendroient qu'à la fin de Mai ou au
commencement de Juin, ces racines fe formeroient
également comme en Avril. J'en fuis très-perfuadé ;
mais rarement produiront-elles le même effet, parce

que c'eſt à la fin de Juin que viennent ord'naire-
ment les grandes chaleurs , qui deſſéchent la paille ,
mûriſſent le grain , & arrêtent les progrès de ces
plantes.

XXI. Les pluyes d'été en général ne contribuent
guères à la nourriture des plantes , parce qu'elles
font bientôt réduites en vapeurs par la chaleur de
la terre ; d'ailleurs , comme elles tombent avec
force , elles battent la terre & ne la pénètrent
pas. Ces pluyes , lorſqu'elles ſont froides, font
couler la fleur des blés.

Pluyes des mois d'été.

Après avoir détaillé les influences qu'ont ſur les
blés les différents météores conſidérés ſéparément ,
je vais jetter un coup d'œil général ſur ce que l'on
doit attendre des différentes températures de chaque ſaiſon ; & en étendant encore davantage notre
coup d'œil , nous le porterons ſur l'influence de
la température des années ſéches ou humides , froides ou chaudes , & nous conſidérerons les effets
qui en réſultent. Commençons par décrire les influences de la température des différentes ſaiſons.
Je ne dirai rien ici de la température de l'automne ,
parce que j'en ai ſuffiſamment parlé en traitant des
ſemailles , & que j'aurai encore lieu d'y revenir
dans la ſeconde partie de ce Mémoire.

Influence de la température des différentes ſaiſons & de l'année entiere

XXII. La grande humidité qui a quelquefois lieu
à la fin du printemps & au commencement de
l'été , contribue beaucoup à la multiplication des
mauvaiſes herbes , qui mettent les blés en danger
de verſer. D'ailleurs , dans les temps humides il
ſurvient ordinairement des brouillards qui gâtent le
blé quand il commence à ſe former. Les blés n'ont
beſoin dans l'été que d'être humectés de temps en
temps par quelques petites pluyes , qui , lorſqu'elles

Effets de l'hu-midité du prin-temps & de l'été.

font bien diſtribuées & bien ménagées, produiſent de très-bons effets. Si elles étoient trop abondantes, ſur-tout dans le mois de Mai, temps où l'épi ſe forme & ſe développe, elles nuiroient beaucoup à la récolte. On peut donc dire en général, que l'humidité modérée du printemps eſt avantageuſe aux blés pour les fortifier. Ils ont auſſi à redouter dans cette ſaiſon, de grands vents ſecs qui les empêchent de taller, parce que la tranſpiration de la ſève étant ſurabondante, eſt promptement diſſipée; ce qui en reſte ne peut plus fournir qu'à la nourriture d'un tuyau. On voit alors jaunir les feuilles; & il n'y a qu'une pluye douce qui puiſſe dans ce cas les faire reverdir. C'eſt auſſi la raiſon pour laquelle les blés ſont plus fatigués dans les terres légères que dans les terres fortes, & plus expoſés à être déracinés par les grands vents dont je parle.

Effets de la ſechereſſe du printemps & de l'été. XXIII. Le blé eſt une des plantes qui ſupportent le mieux la ſechereſſe. Auſſi a-t-on remarqué que dans les années où le printemps & l'été avoient été très-ſecs, la récolte n'avoit pas laiſſé d'être fort bonne. Au reſte, cela peut venir de la fraîcheur & de l'humidité des terres de ce pays-ci. Auſſi en 1702 & en 1719, où il n'eſt tombé dans chacune de ces années que 9 pouces 4 lignes d'eau, la récolte fut abondante; & on remarquera que les trois mois de Mars, d'Avril & de Mai n'avoient fourni qu'un pouce d'eau. La ſéchereſſe de l'été eſt utile d'ailleurs pour la récolte du grain; on ne voit point alors ces mauvaiſes herbes, qui ſont ſi communes dans les étés pluvieux, qui étouffent les blés & & les font verſer. Si le froid ſe joignoit à la ſéchereſſe, elle empêcheroit les blés de profiter, ſur-

tout dans les terres blanches. Les grandes féchereffes de l'hyver & du printemps font quelquefois
redoutables pour les blés, en ce que les mulots
& les fouris favent en profiter pour faire des dégâts confidérables.

XXIV. Lorfque l'été a été froid de manière que les blés n'ont pu mûrir, s'il furvient enfuite des cha- leurs au mois d'Août, les blés jauniffent; & ne pouvant plus recevoir une nourriture fuffifante, ils reftent retraits ou échaudés, le tiers de l'épi eft vide, & les deux autres tiers ne contiennent que des grains mal nourris. *Effets du froid du printemps & de l'été.*

XXV. Les fraîcheurs & les pluyes de l'été font fur-tout à craindre, lorfqu'elles arrivent dans le temps de la fleur des blés dont elles occafionnent la coulure; & les blés coulés font à peu près dans le même cas que les blés échaudés dont je viens de parler. Les épis font abfolument vides à la pointe; ou bien ils ne contiennent que de petits grains prefque denués de farine, qui s'échappent par les trous du crible avec la poufliere & les mauvaifes graines.

XXVI. On affigne plufieurs caufes de l'accident dont je viens de parler. 1°. Les pluyes froides & abondantes dans le temps de la fleur, peuvent em- pêcher la fécondation, comme il arrive dans pa- reilles circonftances aux raifins qui reftent petits & fans fucs. On a cependant remarqué que les petits grains qui fe trouvent à la pointe des épis, ne font pas toujours incapables de germer; ainfi, la coulure ne dépend pas toujours du défaut de fécondation. 2°. Quelques-uns ont attribué la cou- lure à la vivacité des éclairs. » Ce fentiment, dit *Caufe de la coulure des blés.*

„ M. du Hamel, (*a*) a acquis de la probabilité
» depuis qu'on a reconnu les grands effets de l'élec-
» tricité , fi abondamment répandue dans l'air lorf-
» que le temps eft difpofé à l'orage. « 3°. Il furvient
quelquefois dans le temps que les blés épient , des
gelées qui certainement endommagent la pointe des
épis ; alors cette partie ne pourra produire de bons
grains. 4°. Enfin , fi , par quelque caufe que ce
puiffe être , la végétation eft dérangée ou fufpendue dans le temps que le grain fe forme , les grains
de la pointe de l'épi , qui fe développent les derniers , font ceux qui fouffriront le plus de cet accident. C'eft pour cette raifon que les grains bien
cultivés font moins fujets à la coulure que les
autres , parce que les labours répétés entretenant
toujours la végétation dans un état de vigueur ,
favorifent la parfaite formation des grains dans
toute la longueur des épis. Les fraîcheurs de l'été
occafionnent auffi la nielle , que les pluyes fura-
bondantes qui furviennent quelquefois avant la
moiffon , emportent.

Effets des
chaleurs de
l'été.

XXVII. Lorfqu'il furvient de grandes chaleurs
en été , les blés font expofés à être brûlés , ce
qui les empêche de grener. Ce font ces chaleurs
vives qui faififfent quelquefois les blés dans les
temps où ils font vigoureux , & qui les rendent
petits , retraits & ridés ; on dit alors que les blés
font *échaudés*, c'eft-à-dire , que les grains mûriffent
trop tôt, & avant que d'être entièrement remplis de
farines. C'eft ce qui arrive auffi, lorfque le blés font

(*a*) Elémens d'Agriculture , tom. I. pag. 346.

verfés ,

verſés , dans le temps où les grains ſont encore en lait , le tuyau ſe trouvant rompu ou ſimplement plié , la nourriture ne peut plus ſe porter à l'épi , alors les grains qui ne reçoivent plus de ſubſiſtance , mûriſſent ſans ſe remplir de farine. MM. du Hamel & Tillet , attribuent encore cette maladie à la piquûre de certains inſectes , qui dépoſent leurs œufs dans la peau extérieure de la paille. (a) Les blés tardifs , & ceux qui ont été nourris d'humidité , ſont plus ſujets à cet accident que les autres. Il eſt dangereux que les chaleurs de l'été ſoient accompagnées de hâle & de ſéchereſſe , parce que le tuyau des blés ne peut pas s'élever , & l'épi ſe forme rez-terre ; mais lorſqu'une fois ils ſont bien épiés , la ſéchereſſe ne peut que leur être avantageuſe , ſur-tout pour donner de la qualité aux grains. C'eſt particulièrement à la fin de Juillet & au commencement d'Août , que la chaleur & la ſéchereſſe ſont néceſſaires pour procurer aux grains le degré ſuffiſant de maturité , & pour qu'on puiſſe les ſerrer bien ſecs ; cette dernière circonſtance eſt de la plus grande conſéquence.

XXVIII. On peut dire en général , que les années humides ſont plus favorables aux blés qui ſont dans les terres légères , qu'à ceux qui ont été ſemés dans des terres fortes , parce que l'évaporation étant plus grande & plus prompte dans les premières que dans celles-ci , les inconvéniens de la grande humidité , y ſont auſſi moins redoutables.

Etat général des blés dans les années froides & humides.

(a) Culture des terres, tom. III. pag. 220. Diſſertation ſur les maladies des grains, pag. 29.

T

XXIX. Dans les années humides la recolte eſt ordinairement belle & quelquefois aſſez abondante; mais il s'en faut de beaucoup que le grain ait la qualité qu'on lui trouve dans les années féches, où la paille eſt plus courte & l'épi plus long & mieux fourni. Il eſt certain que la trop grande humidité empêche la sève de ſe rafiner, & en voici une raiſon bien ſenſible : dans les années humides la paille demeure toujours verte par le pied; le grain qui ne ceſſe de recevoir de la nourriture, ſe gonfle d'eau & ne ſe deſſéche pas ; les blés qui ſont à l'abri du ſoleil & du vent ſont plus expoſés à cet inconvénient, parce que leurs vaiſſeaux ſont pour ainſi dire gorgés d'une humidité qui ſe corrompt & qui engendre la pourriture, au lieu que les plantes qui ſont à découvert & qui ſe trouvent expoſées au vent & au ſoleil, ſont ſoulagées par la tranſpiration.

XXX. Les grains ſont plus ſujets à être attaqués de la nielle dans les années humides que dans celles qui ſont féches. Si donc l'humidité n'eſt pas une cauſe prochaine de cette nielle, on peut dire au moins qu'elle eſt plus favorable que la fécherſſe au progrès de cette maladie. Elle contribue auſſi à noircir & à charbonner les blés, parce que le froid qui accompagne ordinairement l'humidité, ſaiſit & va même juſqu'à geler la pointe des épis; le grain qui eſt gonflé d'eau, étant plus ſuſceptible des effets de la gelée ne peut plus mûrir, & il ſe charbonne. Ces deux cauſes contribuent peut-être auſſi à ergoter les ſeigles. L'humidité en gonflant le grain peut lui faire prendre un accroiſſement démeſuré, & le froid l'empêchera de mûrir; au reſte cette cauſe de l'ergot, ſi elle en eſt une, n'eſt pas l'unique, car M. Tillet s'eſt aſſuré que cette mala-

die eſt due principalement à la piquûre d'une eſ_
pèce d'inſecte qu'il a très-diſtinctement apperçu,
& qu'il a vu ſe changer en papillon (*a*). Un grand
inconvénient des années humides , c'eſt qu'on a
beaucoup de peine à ſerrer les blés bien ſecs.

XXXI. Quoiqu'on puiſſe dire en général que les
années ſéches ſont favorables aux blés , il faut
cependant convenir qu'il n'y a guères que les terres
fortes qui s'accommodent de cette température ;
car l'eau eſt abſolument néceſſaire dans les terres
legères.

Etat général
des blés dans les
années chaudes
& ſéches.

Il eſt vrai que des années peuvent paroître très-
ſéches , & fournir cependant aux grains l'humidité
néceſſaire pour procurer une bonne recolte. C'eſt ce
qui arrive lorſque les pluyes ſont bien diſtribuées, &
que le ciel eſt ſouvent couvert de nuages. Les
rayons du ſoleil n'échauffent ni ne deſſéchent
la terre , & alors les campagnes n'ont pas beſoin
de pluye pour être fécondes. Quelquefois les pluyes
d'Avril ſont aſſez abondantes pour procurer à la
terre une ſi grande humidité qu'elle peut s'y con-
conſerver très-long-temps , & mettre les grains en
état de ſupporter la ſéchereſſe d'un été entier, ſur-
tout dans notre climat, où la terre conſerve toujours aſſez d'humidité pour nourrir les plantes.

XXXII. Ce que j'ai dit des inconvéniens qu'on
a à redouter dans les années humides , doit faire
ſentir que les années ſéches ſont très-favorables à
la qualité du grain qui eſt toujours bien ſec, & par
conſéquent aiſé à conſerver. La paille n'eſt pas ſi
belle à la vérité que dans les années humides , elle

(*a*) Diſſertat. ſur les maladies des grains, pag. 41., & ſuivant.

eſt plus courte ; mais on en eſt bien dédommagé par la longueur des épis qui ſont ordinairement plus fournis de grains , parce qu'ils mûriſſent dans toute leur longueur ; au lieu que dans les années humides , comme je l'ai obſervé , il arrive qu'un tiers de l'épi eſt perdu pour avoir été gelé par la pointe , ou pour n'avoir pas pu mûrir faute de chaleur. Un avantage des pailles courtes qui eſt à conſidérer , c'eſt que l'épi eſt mieux ſoutenu , & les blés ſont moins ſujets à verſer.

ARTICLE V.

Des Grains de Mars & des Foins.

Je comprends ſous un même article les *foins* & les grains appellés *mars* , parce qu'il ſe ſement dans le mois qui porte ce nom. La température qui convient aux uns convient auſſi aux autres , puiſqu'ils font leurs productions à peu-près dans le même temps. Il ne me reſte pas beaucoup d'obſervations à faire ſur ces ſortes de productions , parce qu'une grande partie de celles qui concernent les fromens & les ſeigles peuvent s'appliquer aux mars & aux foins. Je ne ferai donc ici mention que de quelques circonſtances particulières , qui forment des exceptions par rapport à la température avantageuſe ou nuiſible aux plantes dont j'ai à parler dans cet article.

Effets des pluyes , du froid & de l'humidité.

I. Les grains de mars & les foins ont beaucoup plus beſoin d'humidité pour proſpérer, que ceux qu'on ſeme avant l'hyver. Les pluyes du mois d'Avril , ſur-tout , leur ſont abſolument néceſſaires. Lorſque ce mois a été ſec , on doit s'attendre

à une mauvaise recolte, particulièrement en foins;
car on dit ordinairement que les pluyes d'Avril
font les foins. On les voit cependant quelquefois
manquer après un mois d'Avril humide ; c'eſt ce qui
arrive lorſque les pluyes du mois de Mars ayant
fait pouſſer les herbes, il ſurvient en Avril de la
neige, de la grêle & de la gelée, qui endommagent cette nouvelle herbe ; alors les racines ſont
obligées de fournir de nouvelles produćtions, ce
qui occaſionne un retard, & en même temps un
tort dont on s'apperçoit ; les herbes ne profitent
point & demeurent toujours baſſes ; ſi elles ſont
trop nourries d'eau, elles s'élèvent beaucoup à la
vérité, mais elles diminuent enſuite de plus de
moitié en ſe deſſéchant.

II. Les pluyes ne ſont pas moins avantageuſes
aux avoines, & elles en ont beſoin dans les terres
legères, où on les ſeme ordinairement, & où
elles ſe plaiſent beaucoup, car ce grain n'a pas
beſoin d'une nourriture bien abondante : l'humidité
jointe à la chaleur, voilà tout ce qui lui faut pour
végéter : or, les terres legères ſont bien moins
ſujettes à être battues par les pluyes que les terres
fortes, & elles profitent mieux par conſéquent des
influences de l'athmoſphère. Il eſt vrai que pour peu
que la chaleur dure, l'humidité de ces terres eſt
bientôt évaporée, les avoines languiſſent alors, &
il n'y a que celles qui ont été ſemées dans des terres fortes qui puiſſent réſiſter à cette intempérie ;
auſſi réuſſiſſent-elles mieux que celles des terres legères dans les années chaudes & ſéches ; & celles
des terres legères à leur tour réuſſiſſent mieux
dans les années humides. Au reſte, les bonnes ou
mauvaiſes recoltes d'avoine dépendent beaucoup

du temps & des circonſtances où les pluyes tombent. Elles ont ſur-tout beſoin des pluyes d'Avril pour lever, & des pluyes du mois de Juin pour épier : ſi cependant les pluyes d'Avril étoient trop fréquentes & accompagnées de fraîcheurs, elles feroient *bouler* les avoines, & alors elle formeroient rez-terre une petite grappe qui ne contiendroit que peu de grains, & qui ne tarderoit pas à ſe deſſécher. Quoiqu'on puiſſe dire en général que les années humides ſont plus favorables aux avoines que les années ſéches ; cependant ſi dans une année ſéche le peu d'eau qui tombe ſe trouve dans les circonſtances heureuſes dont je viens de parler, d'abord pour les faire lever, enſuite pour les faire croître, & enfin pour les faire épier, elles rendroient bien plus que dans les années humides, où les pluyes ne viendroient pas dans les mêmes circonſtances.

Les orges ne ſont pas auſſi délicates que les avoines, elles s'accommodent aſſez bien de toutes ſortes de températures & de toutes ſortes de terreins. Je ne les ai preſque jamais vu manquer dans le pays que j'habite, où on en ſeme beaucoup depuis quelques années. Je crois cependant qu'en général l'humidité leur eſt plus favorable que la ſéchereſſe.

Effets de la ſéchereſſe & de la chaleur.

IV. Dans les années chaudes & ſéches, les foins ne ſont ni hauts ni épais, les ſain-foins fleuriſſent rez-terre, & les avoines épient auſſi en ſortant de terre ; quoiqu'il vienne enſuite des pluyes ils reſtent toujours bas, parce que les pluyes ne profitent plus aux plantes qui ont commencé à monter en fleur ou en épi, toute la ſève eſt alors employée à la formation de ce qu'il y a de plus précieux dans la plante, je veux dire, le fruit. Mais ſi ces pluyes viennent avant la fleur du foin, l'herbe ſemble

alors regagner le temps perdu , elle pouffe avec
vigueur ; on l'a quelquefois vu croître de quatre
doigts en 24 heures , & parvenir en huit jours de
temps humide , à la moitié de la hauteur qu'elle
avoit dans la fuite. On a vu auffi des tiges de froment acquérir cinq pouces en trois jours , & des
brins d'efcourgeon s'allonger de fix pouces dans le
même temps. La fève agit alors comme un reffort
que des circonftances auroient bandé & affujetti ;
pour peu qu'il fe fente en liberté , il fe débande &
s'étend avec une force prodigieufe. Les pluyes d'o-
rage qui font quelquefois fi nuifibles aux grains ,
en ce qu'elles les font verfer & qu'elles battent la
terre , font au contraire fort avantageufes aux
prairies ; car les herbes ne peuvent que profiter
de l'humidité qu'elles leur procurent , fans craindre les deux inconvéniens qui le rendent redoutables aux grains. La féchereffe eft avantageufe aux
foins lorfqu'ils font en fleur , & dans le temps
où il faut les faucher : leur bonne qualité dépend
beaucoup de cette circonftance. Si le temps du fauchage étoit pluvieux , il vaudroit mieux remettre
ce travail après les pluyes , parce que les foins
pouffent alors du pied une nouvelle herbe qui en
augmente la quantité.

V. Je ferai remarquer en finiffant cet article ,
que la féchereffe a un inconvénient qui eft particulier aux avoines , c'eft de favorifer la multiplication d'une efpèce de ver ou de chenille qui mange la moëlle de cette plante & lui fait beaucoup
de tort. Mais heureufement que les pluyes leur
font contraires , & que la première qui vient
les fait périr. Tout ce que j'ai dit de la température nuifible ou favorable aux *mars* , peut

s'appliquer aux plantes légumineuſes, comme *pois ;
fèves , lentilles , &c.*

ARTICLE VI.

Des Arbres fruitiers.

Parmi les arbres fruitiers , il y en a qui produiſent des fruits à noyau , tels que les *abricotiers,*
les *pêchers* , les *pruniers* , & les *ceriſiers* , &c.;
d'autres qui donnent des fruits à pepins , tels ſont
les *pommiers* , les *poiriers* , la *vigne* , &c. Peut-être
faudroit-il ſéparer les obſervations qu'on a faites ſur
ces différentes eſpèces d'arbres; comprendre dans
un premier article celles qui concernent les arbres
fruitiers à noyau , & parler dans le ſecond article
des arbres fruitiers à pepins. C'étoit d'abord mon
deſſein ; mais après avoir recueilli toutes les obſervations faites ſur les arbres fruitiers en général,
j'ai reconnu que cette diſtinction étoit inutile , parce
que les circonſtances de température favorable ou
nuiſible aux uns , le ſont également aux autres ; s'il
y a quelques exceptions , il eſt aiſé d'en avertir.
J'ai donc cru devoir renfermer ſous un même article toutes les eſpèces d'arbres fruitiers. Je n'en
excepte que la vigne dont j'ai fait un article ſéparé.
Dans le détail des obſervations où je vais entrer,
je ſuivrai naturellement l'ordre des ſaiſons , & j'indiquerai ce que la température de chacune peut
produire à l'égard des arbres fruitiers.

Effets de la température de l'hyver.

I. Ce que les arbres ont ſur-tout à redouter de la
température de l'hyver, ce ſont ſans contredit les
gelées ; & il ne faut pas croire que les gelées les
plus fortes ſoient les plus dangereuſes. On a ſouvent

vent vu les arbres réſiſter à de très-grandes gelées;
& ſouffrir beaucoup de quelques autres gelées
moins vives. Ce n'eſt donc point dans cette température particulière, qu'il faut chercher la cauſe
des effets de la gelée ſur les arbres & ſur les végétaux en général ; mais c'eſt dans les circonſtances
qui l'accompagnent. Les circonſtances les plus fâ-
cheuſes qui puiſſent ſe rencontrer, c'eſt lorſque la
gelée prend tout à coup, après une grande humidité, ou après un faux dégel. La ſève dont les vaiſſeaux des arbres regorgent alors, venant à ſe geler,
ſon volume augmente, & il ne peut s'augmenter
ſans diſtendre & ſans rompre les vaiſſeaux qui la
contiennent ; d'où s'enſuit néceſſairement la mort
de l'arbre. Voilà ce qui fit tant de tort aux végétaux pendant le rude hyver de 1709. Les arbres
réſineux réſiſtent bien plus aiſément à ces ſortes de
gelées, parce que leur ſève étant compoſée en
grande partie de molécules oléagineuſes, ne s'é-
tend pas par le froid comme l'eau ; au contraire,
elle ſe reſſerre.

II. Les arbres les plus hâtifs ſont les plus expoſés
à la gelée, auſſi bien que ceux dont le bois n'ayant
pouſſé qu'à la fin de l'été, n'a pas eu le temps
de mûrir, ou, comme parlent les Jardiniers, n'eſt
pas *aoûté*. Il faut cependant remarquer que la force
de la ſève eſt un obſtacle à la gelée : j'ai ſouvent
obſervé qu'en automne les arbres conſervent d'autant plus leurs feuilles, qu'ils ſont plus vigoureux,
& que les gelées d'automne, même aſſez fortes,
n'endommagent point certains boutons qui avoient
pouſſé tard & avec force. C'eſt ſans doute pour
cette raiſon que les abricotiers & les pêchers, qui
abondent plus en ſève que les arbres à pepins,

V

quittent leur feuilles les derniers, & qu'ils les prennent les premiers.

III. Quoique le paſſage ſubit du froid au chaud, ou du chaud au froid, ſoit ordinairement funeſte aux arbres, il y a cependant des circonſtances où ils ne paroiſſent pas en ſouffrir. Ainſi, on remarqua dans le mois de Janvier 1741, que l'air devint auſſi froid en moins de trois jours, qu'il l'avoit été en 1740; ce froid ceſſa ſubitement, & l'air devint fort tempéré : une variation auſſi prompte ne fit cependant aucune impreſſion ſur les végétaux; 1°. Parce que c'étoit au mois de Janvier, temps où les végétaux ne ſont point encore en sève. 2°. Parce que cette gelée avoit été précédée par une ſéchereſſe; ce qui confirme ce que j'ai dit plus haut, d'après les obſervations de MM. du Hamel & de Buffon, ſavoir, que ce n'eſt point la violence du froid, mais la grande durée de la gelée, & les faux dégels, qui nuiſent aux plantes & aux arbres.

Effets de la température du printemps.

IV. Si les gelées d'hyver qui ont été précédées par un temps humide, ſont nuiſibles aux arbres, on ne doit pas être ſurpris des dégâts qu'occaſionnent quelquefois certaines gelées du printemps; car, outre l'humidité qui ſuccède ordinairement à l'hyver, les arbres commencent alors à entrer en sève; leurs petits vaiſſeaux ſe regorgent de liqueurs, dont la raréfaction occaſionnée par la gelée, peut faire perdre toutes les eſpérances qu'on avoit déjà fondées ſur la quantité de boutons qui commençoient à ſe développer. Ces gelées du printemps ſont ſur-tout funeſtes aux arbres fruitiers à noyau, parce qu'ils ſont plus prompts à entrer en sève. Mais ſi ces gelées ſont accompagnées de ſéchereſſe, elles ne ſont pas redoutables; tout ce qu'elles peuvent faire alors, c'eſt de rallentir le mouvement de la ſève, & de retarder le développement des bourgeons. Il eſt même avantageux que le commencement du printemps ſoit froid.

V. Lorſque les arbres ſont en fleur, ils ont beſoin d'une température dans laquelle il n'y ait aucun excès, ſoit de ſéchereſſe ou d'humidité, ſoit de chaleur ou de froid. Si le printemps eſt chaud & ſec, les fleurs qui ſont altérées, ſe deſſéchent & tombent, ſans que le fruit puiſſe nouer. La fleur du pommier ſur-tout a beſoin de pluye. Si le printemps eſt froid & humide, les fleurs avortent, parce que les pluyes froides & abondantes emportent les étamines; le piſtil qui n'eſt point fécondé eſt ſtérile, & il tombe avec les pétales & les étamines; ou bien ces fleurs ainſi nourries d'eau, ſont expoſées à être gelées, & grillées enſuite par le premier rayon du ſoleil qui les frappe. On s'apperçoit aiſément du déſordre de la gelée ſur les fleurs : il ſuffit pour cela de regarder la pointe du piſtil; s'il eſt noir, c'eſt une preuve que la fleur eſt atteinte de la gelée. Les vents froids de cette ſaiſon broüiſſent auſſi les feuilles des abricotiers, des pêchers, & de quelques autres arbres.

VI. La fleuraiſon du pêcher a lieu, année commune, à la mi-Mars, celle du prunier au commencement d'Avril, celle du poirier à la mi-Avril, & celle du pommier à la fin de ce mois. Je parle du climat de Paris.

VII. Les froids qui ſurviennent lorſque les fruits ſont noués, & qu'ils commencent à groſſir, ne les empêchent pas de groſſir davantage & de parvenir même à maturité, ſeulement ils les empêchent de croître jusqu'à leur groſſeur naturelle. En 1719 le P. Feuillée (*a*) étant à Marſeille, cueillit le 18 Décembre des ceriſes & des pommes parfaitement mûres. Ces arbres avoient fleuri pendant le mois d'Octobre; le fruit avoit noué & avoit été arrêté par les froids qui étoient venus en Décembre. La même choſe arriva dans toute l'Italie. Il faut convenir cependant, que dans notre climat ces froids font aſſez ordinairement tomber les fruits.

Effets de la température de l'été.

VIII. Les étés trop ſecs les font auſſi tomber faute de nourriture. Cet effet a quelquefois lieu même dans des temps humides. C'eſt ce qui arrive lorſque l'hyver a été trop ſec, parce qu'il n'y a guères que les pluyes d'hyver, & ſur-tout la neige, qui puiſſent pénétrer & parvenir juſqu'aux racines des arbres, pour leur procurer une humidité qu'elles conſervent très-long-temps. Si dans les étés ſecs les roſées font abondantes & les brouillards fréquents, les arbres ne ſouffrent pas de la ſéchereſſe ou de la diſette de pluye, parce qu'ils s'imbibent par leurs feuilles de cette humidité qui leur ſert de nourriture.

IX. Il ſurvient quelquefois dans l'été des vents ſecs qui altèrent beaucoup les arbres, parce qu'ils enlèvent aux feuilles beaucoup plus d'humidité que les racines ne peuvent leur en fournir; ils empêchent d'ailleurs la roſée de tomber; la végétation eſt ſuſpendue, & il lui faut un certain temps pour ſe rétablir; ce qui retarde la maturité des fruits. Les froids qui ſurviennent quelquefois dans le mois d'Août, la retardent auſſi beaucoup.

(*a*) Mem. de l'Acad. des Sciences, *année* 1720. *pag.* 3.

X. C'eſt ici le lieu de parler du temps de la maturité des différentes eſpèces de fruit. Ce temps eſt ordinairement avancé ou retardé, ſelon que celui de la fleur a été plus hâtif ou plus tardif : il arrive ſouvent cependant, que la fleuraiſon a lieu de fort bonne heure, & que la maturité des fruits eſt beaucoup retardée. Ainſi, cette année (1774) l'hyver & le commencement du printemps ayant été fort doux, les arbres ont fleuri trois ſemaines plutôt qu'ils n'ont coutume de fleurir ; & cependant la maturité des fruits n'a pas été plus avancée qu'à l'ordinaire. Les abricots mûriſſent ordinairement à la fin de Juillet, & les ceriſes à la mi-Juin ; à l'égard des autres fruits, comme les eſpèces varient beaucoup, il y a auſſi beaucoup de variation dans le temps de leur maturité, & il ſeroit trop long d'entrer ici dans ce détail.

Effets de la température de l'automne.

XI. L'automne eſt quelquefois ſi doux, ſur-tout depuis quelques années, qu'il n'eſt pas rare de voir encore à la fin de Novembre des arbres garnis de leurs feuilles. Ils étoient tels en 1741 à la fin même de Décembre, parce que l'automne avoit été extrêmement doux. Cela n'arrive pas toujours ; cependant dans les automnes auſſi doux que celui de 1741, on remarqua que les feuilles qui conſervèrent leur verdure dans cette année, étoient celles qui avoient pouſſé à la fin de Septembre. Or, il eſt très-rare que les arbres faſſent alors des productions.

Rapport de la température avec la chûte des feuilles.

XII. Les arbres qui ſont en ſève réſiſtent plus aux petites gelées d'automne que ceux qui ont perdu leur ſève ; leurs feuilles, qui ſont plus fermes & plus vigoureuſes, réſiſtent mieux auſſi à la gelée ; car ce ne ſont pas les fraîcheurs ni les gelées d'automne qui font les principales caufes de la chûte des feuilles. Il y a des arbres que les pluyes d'automne font rentrer en sève. Une preuve que la gelée ne contribue pas beaucoup à la chûte des feuilles, c'eft que les arbres quittent leurs feuilles dans les ferres chaudes , où ils ne reffentent ni les fraîcheurs ni les gelées. Cela dépend donc du plus ou du moins de vigueur dans la sève ; car on remarque que les vieux arbres quittent plus vîte leurs feuilles que les jeunes , & que lorfqu'à un été fec il fuccède un automne humide, les arbres confervent plus long-temps leurs feuilles.

Rapport de la température de l'air avec la confervation des fruits.

XIII. Je dirai un mot, en finiffant cet article, du rapport de la température avec la confervation des fruits. Il eft certain que les années humides ne font pas du tout favorables pour cela ; il en eft de même des étés très-chauds, où les fruits ont acquis un trop grand degré de maturité; leurs fucs extrêmement rafinés fermentent avec les acides, & le fruit fe corrompt très-promptement.

ARTICLE VII.

De la Vigne.

Effets de la gelée d'hyver.

I. En confidérant les effets que la gelée peut produire fur la vigne, il faut bien diftinguer les différentes faifons où elle a lieu, & les circonftances qui l'accompagnent; car, comme je l'ai remarqué en parlant des arbres fruitiers, la gelée eft moins à craindre en elle-même que dans fes circonftances. Ainfi, la gelée eft très-funefte à la vigne lorfqu'elle fuccède à des brouillards, ou même à une pluye, quelque petite qu'elle foit;

& au contraire elle fupporte des froids très-con-
fidérables fans être endommagée, lorfqu'il y a
quelque temps qu'il a plu, & que la terre eft fort
féche. Les jeunes vignes, auffi bien que les vignes
vieilles, font plus fujettes à la gelée que celles
d'un âge moyen. Une vigne nouvellement fumée
y eft auffi plus expofée, à caufe de l'humidité qui
s'échappe des fumiers. Un fillon de vigne qui eft
le long d'un champ de fainfoin, de pois, &c. eft
fouvent tout perdu par la gelée, lorfque le refte
de la vigne eft très-fain; effet que l'on doit attribuer à la tranfpiration du fainfoin ou des autres
plantes, qui porte une humidité fur les bourgeons
de la vigne. On remarque que les *verges* ou les
longs farmens que l'on ménage en taillant la vigne, font toujours moins endommagés que la fou-
che, fur-tout quand n'étant pas attachés à l'échalas, ils font agités par le vent, qui ne tarde pas
à les deffécher. C'eft pour cela auffi que la gelée
ne fait point de tort à la vigne lorfqu'elle a été
précédée par un vent qui en a diffipé l'humidité.

II. Il y a des circonftances où la gelée endommage la vigne dans un temps fort fec. Cet effet
a lieu, lorfque la gelée devient fi forte pour la
faifon, qu'elle peut l'endommager indépendamment
de l'humidité extérieure; & dans ce cas, c'eft à
l'expofition du nord qu'elle caufe plus de dommage; au lieu que dans les temps humides cette
expofition eft plus favorable, parce que le vent
qui fouffle de ce côté là, la defféche plus promptement.

III. Les gelées du printemps, & fur-tout celles
qui arrivent quelquefois pendant les nuits du mois
de Mai, & lorfque la vigne eft en fleur, lui font

Effets des ge-
lées du prin-
temps & de
l'automne.

fatales, principalement lorſque le lever du ſoleil eſt ſerein, & qu'il n'a pas été précédé par un vent qui auroit pu diſſiper l'humidité. Si ces gelées viennent après une longue ſéchereſſe, elles ne ſont point à craindre; il en eſt de même, ſi elles arrivent dans le temps où les feuilles ſont déjà aſſez larges pour former un abri. Il arrive ſouvent des gelées en Octobre, & avant que le raiſin ſoit mûr: ces gelées ſont nuiſibles en ce qu'elles dépouillent la vigne de ſes feuilles, & qu'elles fanent & pourriſſent le raiſin; mais il y a des circonſtances où elles ne ſont point accompagnées de ces mauvais effets. Cela dépend de l'état de vigueur où ſe trouve la ſève dans le temps où ces gelées arrivent; car ſi la ſève a encore de la force, elle ſera bien plus en état de réſiſter à la gelée, qui dans une circonſtance moins favorable pourroit l'endommager conſidérablement.

Effets de l'humidité & du froid.

IV. Lorſque la vigne a échappé aux intempéries de l'hyver & du commencement du printemps, il s'en faut de beaucoup qu'elle ſoit hors de danger. Les temps froids & humides qui viennent quelquefois dans la ſaiſon où elle eſt en fleur, peuvent détruire toutes les eſpérances qu'on avoit conçues au mois de Mai, en voyant la quantité de grappes dont elle étoit chargée. Dans cette circonſtance fâcheuſe, la fleur *coule*, & on ſait qu'il n'y a point de remède à ce malheur. Ce ſont donc les froids & les pluyes abondantes qui font couler la fleur de la vigne; & il y a des années où la ſéchereſſe produit auſſi le même effet. On a remarqué que la coulure de la fleur du ſureau, annonçoit aſſez ordinairement la coulure de la fleur de la vigne.

V. Dans les années froides & humides, le raiſin
ne

ne parvient que très-difficilement à maturité ; car il ne mûrit pas tant que la vigne eſt en ſève : or, elle reſte en ſève, lorſque les racines étant dans une terre humide, continuent toujours à fournir de la nourriture aux ſouches ; les ſeps pouſſent, ſont chargés de feuilles, & donnent au raiſin un ombrage qui arrête l'action du ſoleil & l'empêche de mûrir. Il arrive quelquefois que ces feuilles, qui ont été trop nourries d'eau, grillent au ſoleil : le froid & le hâle produiſent auſſi le même effet, & empêchent le verjus de groſſir. Si les pluyes ſont néceſſaires, c'eſt au mois d'Août & au commencement de Septembre ; elles ſont très-ſalutaires alors pour faire groſſir le verjus. Les brouillards, qui ſont communs dans les années humides, nuiſent à la vigne, non-ſeulement en lui procurant une trop grande humidité, mais encore en favoriſant la multiplication d'une certaine eſpece de vers qui coupent la grappe de verjus. Enfin, les années humides diminuent beaucoup la qualité du vin; car ſi la vendange a été précédée de beaucoup de pluye, & qu'on ſoit obligé de couper le raiſin avant que le ſoleil ait pu rafiner le ſuc aqueux dont il eſt rempli, il s'en faut de beaucoup qu'il ſoit auſſi ſucré que dans les bonnes années. On s'en apperçoit bien auſſi à la difficulté qu'il a à s'échauffer & à bouillir dans la cuve; il ne répand point une odeur forte, & ne jette pas une écume rouge, comme dans les années où il a acquis le degré de maturité convenable.

VI. La température la plus favorable à la vigne, eſt donc la ſéchereſſe & la chaleur; c'eſt ſur-tout dans le temps de la fleur, qui, pour bien faire, ne doit durer que huit jours, & quelque temps

X

avant les vendanges, que la féchereffe & la chaleur font néceffaires, c'eft-à-dire, dans les mois de Juin & de Septembre : auffi eft-il paffé en proverbe, que c'eft le mois de Septembre qui fait le vin, c'eft-à-dire, qui lui donne la qualité, comme la tempé-rature modérée de Juin contribue à la quantité. Il eft vrai que fi le mois de Septembre étoit en même temps chaud & très-fec, la quantité de vin diminueroit beaucoup, & il ne feroit point de garde, à caufe de la trop grande maturité du raifin; car le vin un peu verd fe conferve mieux & plus long-temps; il n'eft point fujet à filer, ou comme on dit, à tourner *à la graiffe* dans les chaleurs. Il peut encore arriver que des années chaudes & féches, en un mot, des années favorables & qui promettent beaucoup, foient cependant très-tardi-ves, & ne permettent pas au raifin de mûrir, à caufe d'un orage accompagné de grêle qui fera furvenu. Cette grêle ne fera par elle-même aucun tort à la vigne, fi elle tombe avec la pluye; mais elle refroidit l'air & fufpend la végétation pendant des temps quelquefois confidérables, & dans des circonftances où la vigne a le plus befoin de cha-leur; l'année eft donc tardive; & l'on fait que dans les années tardives, le vin a ordinairement moins de qualité que dans les années hâtives.

Temps moyen des pleurs, de la fleur & de la maturité.

VII. D'après les obfervations de M. du Hamel, & les miennes, je crois qu'on peut fixer le temps moyen des pleurs de la vigne à la mi-Mars, celui de la fleur à la fin de Juin, & celui de la ma-turité à la fin de Septembre ou au commencement d'Octobre.

ARTICLE VIII.

Des Infectes & des Abeilles.

La multiplication des infectes nuifibles aux productions de la terre, dépend beaucoup des circonftances plus ou moins favorables de la température des faifons. Je ne parlerai ici que de quelques efpèces d'infectes, comme les chenilles, les pucerons, les fourmis, les hannetons & les cantharides; j'y joindrai les abeilles ; & quoique je les mette en aufli mauvaife compagnie, je ne prétends pas cependant leur imputer les mauvaifes qualités qu'on attribue aux infectes qui font l'objet de cet article.

I. Les *chenilles* font fans contredit le plus grand fléau que les plantes & fur-tout les arbres aient à redouter; elles fe multiplient prodigieufement, principalement dans les années chaudes & féches ; mais heureufement elles font expofées à bien des caufes de deftruction (je ne parle ici que de celles qui dépendent des influences de l'air). On fait que les chenilles changent plufieurs fois de peau ; c'eft ce qu'on appelle la *mue*, qui eft pour elles un état de foibleffe & de maladie ; s'il furvient dans ces temps critiques des pluyes froides, elles ne peuvent y réfifter, & elles périffent néceffairement. Voilà pourquoi il peut arriver que les chenilles foient très-rares dans une année qui leur paroiffoit cependant favorable; il arrivera au contraire, que les chenilles fe multiplieront beaucoup dans une année froide & humide, température qui ne leur eft cependant pas avantageufe ; il fuffit pour cela, que le temps de leur mue ne concoure pas avec

Chenilles.

les pluyes froides, les ondées de grêle, &c...;

II. Il eſt avantageux que le printemps ſoit froid, car les chenilles éclofent plus tard ; & comme elles s'attachent toujours aux arbres dont les feuilles ſont les plus tendres , elles épargnent les arbres fruitiers hâtifs pour ſe jetter ſur ceux qui ſont plus tardifs , comme les noyers , &c..... Les fraîcheurs du printemps empêchent auſſi beaucoup d'œufs d'éclore ; il eſt vrai qu'ils ne périſſent pas pour cela , car on s'eſt aſſuré que les œufs des chenilles & d'autres infectes que les intempéries de l'air ont empêché d'éclore dans une année , éclofent l'année ſuivante. Pour ce qui eſt des infectes qui paſſent l'hyver dans un état de nymphe ou de chryfalide, les plus grands froids ne ſont pas capables de les faire périr , parce qu'ils ſavent s'enfoncer dans la terre à proportion que le froid augmente ; & il n'eſt pas néceſſaire qu'ils s'enfoncent bien avant pour éviter le froid , puifque dans les plus grandes gelées de 1740 (a) , M. de Réaumur trouva que la gelée n'avoit pénétré qu'à quatre ponces de profondeur dans une terre meuble : auſſi les chenilles ne ſouffrirent-elles point pendant cet hyver ; il ne fut funeſte qu'aux pucerons.

III. Les chenilles paroiſſent ordinairement vers la fin d'Avril, & continuent leurs dégâts juſqu'à la fin de Juin : il en reparoît enfuite d'autres eſpèces en automne. J'ai remarqué que l'eſpèce de chenille qui dévore les choux , eſt celle qui réfiſte le mieux aux températures qui ſont contraires aux autres ;

(a) Mém. de l'Acad. des Sciences *ann.* 1740. *pag.* 551.

& j'ai obfervé que ces chenilles ne fe multiplioient jamais plus que lorfque les autres efpèces manquoient ; au contraire , on n'en voit prefque pas lorfque les autres efpèces abondent.

IV. On a attribué aux *fourmis* bien des crimes qui ne doivent être imputés qu'aux pucerons ; les fourmis font plus friandes de la liqueur mielleufe dont les pucerons font toujours couverts , que de la fève des branches d'arbre où on les voit courir , auffi n'y touchent-elles pas , leur unique intention eft de recueillir l'efpèce de manne que leur fourniffent les pucerons. On imagine toutes fortes de moyens pour détruire les fourmis , qui ne font point de mal , & on ne penfe pas à en chercher pour détruire les pucerons , du moins on ne connoît aucun moyen pour s'en délivrer. Les intempéries des faifons femblent leur être moins favorables que les années chaudes & féches. Les grands froids de l'hyver leur font auffi contraires.

V. Les *hannetons*, & en général tous les fcarabées réfiftent bien mieux aux froids & aux pluyes que les chenilles ; on en fentira la raifon , fi l'on fait attention que les fcarabées ne font pas expofés comme les chenilles , aux inconvéniens qui accompagnent quelquefois le temps de la mue de ces dernières.

VI. Les hannetons paroiffent ordinairement à la fin d'Avril , & ne meurent qu'en Juillet ; quoiqu'ils réfiftent aifément aux intempéries des faifons, il arrivent cependant quelquefois que la grêle & les pluyes froides les font tous périr. On a remarqué que lorfque le printemps eft froid , ils vivent plus long-temps , parce que ce n'eft que dans les jours chauds qu'ils s'accouplent , & l'on fait que le

Pucerons &
Fourmis.

Hannetons.

hanneton qui vivoit fous la forme de ver l'année précédente, ne fe transforme en infecte aîlé que pour remplir les vues du Créateur dans la multiplication de fon efpèce. Il meurt dès qu'il s'eft affuré une poftérité. Il eft vrai que cet infecte ne mange point autant lorfqu'il fait froid que dans un temps chaud ; mais comme il vit plus long-temps, c'eft une queftion de favoir lequel eft le plus avantageux d'un printemps chaud ou d'un froid, relativement au dégât qu'il peut faire fur les arbres.

VII. On dit ordinairement que les hannetons ne paroiffent en grande quantité, dans un même pays, que de deux en deux ans, parce qu'ils paffent en terre la première année de leur vie ; j'ai cependant vu affez fouvent deux années de fuite fans qu'on trouvât aucun de ces infectes, & réciproquement je les ai vus quelquefois fe multiplier beaucoup deux années de fuite. Il y a auffi des années où certains cantons font défolés par les hannetons, tandis que les pays très-voifins & éloignés tout au plus d'une demi-lieue, en font exempts.

Cantharides. VIII. Les mouches *cantharides* font affez connues par l'ufage qu'on en fait dans les véficatoires. Elles paroiffent ordinairement dans le mois de Juin, & ne s'attaquent guères qu'aux frênes, encore menagent - elles les frênes à fleur. La multiplication de ces infectes dépend à peu-près des mêmes circonftances de température que celle des hannetons. Il arrive quelquefois que les cantharides difparoiffent tout-à-coup fans qu'on fache ce qu'elles deviennent.

Abeilles. IX. Les *abeilles* fondent toute leur recolte de cire & de miel fur les fleurs des plantes, ainfi le fuccès de leur travail dépend de la température plus ou moins favorable aux plantes. Dans les années trop froides ou trop féches, l'herbe eft rare dans la campagne, & le travail des abeilles doit en fouffrir. Si les pluyes font trop fréquentes dans le printemps & dans l'été, le miel eft plus rare dans le calice des fleurs, & il perd de fa qualité. La recolte en fouffrira donc encore, & pour la quantité & pour la qualité. Enfin, fi l'automne eft ou trop froide ou trop féche, les fleurs de cette faifon font en petit nombre; les abeilles ne pourront donc recueillir de miel que ce qu'il en faut pour leur nourriture actuelle, elles feront dans l'impoffibilité de faire des provifions pour l'hyver, ce qui les expofe à mourir de faim pendant cette faifon, fi l'on n'a foin de leur donner à manger. Le froid, & fur-tout la trop grande humidité de l'hyver, les fait périr. La température la plus favorable pour la recolte du miel, eft donc la chaleur accompagnée d'une féchereffe moderée par quelques petites pluyes, fur-tout dans les temps ou les herbes des prés en ont befoin.

X. Les abeilles font auffi expofées à des maladies qui n'ont d'autres caufes que l'intempérie de l'air. Outre le froid & la grande humidité qui les font mourir, elles font encore fujettes à une efpèce de dévoiement qui leur donne la mort, & qui eft occafionné par les pluyes froides qui font affez fréquentes dans le printemps. Il fuffit qu'elles foient furprifes en campagne par ces pluyes pour gagner la maladie dont je parle. Cette maladie eft contagieufe, & caufe fouvent la mort à des ruches entières.

SECONDE PARTIE.

Conséquences pratiques des observations météorologiques faites jusqu'à présent.

CETTE seconde partie de mon Mémoire est sans contredit la plus intéressante ; je voudrois bien qu'elle fût la plus longue , mais cela n'est pas possible ; elle sera nécessairement fort courte , parce que ne voulant rien hazarder , je me bornerai aux conséquences-pratiques les plus sûres & en même temps les plus utiles aux Cultivateurs. On sent qu'elles ne peuvent être encore qu'en petit nombre , attendu le peu d'observations qu'on a recueilli sur cette matière. J'espère que la Société-Royale suivra dans le jugement qu'elle portera de cette partie de mon Mémoire , cet axiome du droit : *non numerantur sed ponderantur.*

Pour éviter les répétitions , j'indiquerai l'article & le numero de la première partie de ce Mémoire , d'où sera tirée chacune des conséquences qui vont composer cette seconde partie.

Arrosemens, Art. I. No. I.   I. Il est avantageux dans les grandes chaleurs de l'été de faire arroser le soir plutôt que le matin , & qu'à tout autre heure de la journée ; sans-doute parce que c'est pendant la fraîcheur & la condensation de la nuit , que la sève passe de l'écorce spongieuse des racines dans les vaisseaux des plantes ; & on peut juger combien une plante qui a ses vaisseaux ainsi remplis de sève doit profiter

ter

ter au lever du Soleil, lorſque cet aſtre, par la chaleur de ſes rayons, vient à échauffer, & les liqueurs contenues dans les vaiſſeaux, & l'air ren-
fermé dans les trachées. En automne, lorſque les
nuits ſont longues & les matinées fraîches, il vaut
mieux arroſer le matin, parce que dans ce temps,
il n'y a pas à appréhender que la condenſation
manque, & qu'il ſeroit inutile de mettre auprès
des racines une eau qui par ſa fraîcheur pourroit
les endommager, puiſqu'en cet état elle eſt trop
condenſée pour paſſer dans la plante, & n'a pas
aſſez de mouvement pour ſe faire jour & pénétrer
juſques dans les pores les plus imperceptibles de
la terre & des fumiers, afin de diſſoudre les parties
intégrantes de la ſève. De plus, l'eau qui tombe
ſur les feuilles les attendrit & les rend ainſi plus
ſenſibles au froid de la nuit. Les arroſemens ne
profitent jamais plus, que lorſque le temps ſemble annoncer de l'orage, parce que s'il ne tombe
point d'eau, on ſe met ainſi en état de profiter des
différentes altérations de l'air; & s'il en tombe, ce
ſera rarement aſſez pour pénétrer juſqu'aux extré-
mités des racines des plantes d'une grandeur un
peu conſidérable, les pluyes d'orage ne faiſant que
battre la terre ſans la pénétrer.

II. On doit reſerver les *terres franches rouſſes* pour
les mars & pour les prés artificiels, ſur-tout pour
les ſainfoins ; en général, il faut reſerver pour
les grains de mars, les terreins humides par eux-
mêmes & expoſés à être ſouvent ſubmergés en
hyver, parce qu'au printemps la ſaiſon des grandes pluyes eſt paſſée. Ce n'eſt pas que les pluyes
du printemps & de l'été ne ſoyent ordinairement
plus abondantes que celles de l'hyver, mais com-

Terres pro-
pres pour les
Mars.
Art. II. N°.
III.

X

me l'évaporation eſt auſſi plus grande en été, les terres dont je parle ne retiennent pas auſſi long-temps l'humidité.

III. On ne peut guères donner une règle fixe & générale ſur le temps précis où l'on doit ſemer les grains. Cela doit varier ſelon les pays, la nature des terres, & les circonſtances de température plus ou moins favorables. Je me bornerai donc ici à des généralités qui ſeront néceſſairement ſujettes à quelques exceptions. En général, on ne doit ni trop ſe preſſer ni trop différer de ſemer. Les Fermiers remarquent aſſez ordinairement que les grains qu'ils ont mis les premiers en terre, ſont ceux qui dans le temps de la moiſſon parviennent les premiers à la maturité. Il ſuit de là, que quoiqu'il y ait quelquefois de l'avantage à accélerer les ſemailles, quand la ſaiſon de mettre les blés en terre eſt venue, il y a néanmoins quelques raiſons pour ne pas ſemer tous les grains en même temps, afin que ne mûriſſant pas tout-à-fait auſſitôt les uns que les autres, on puiſſe dans le temps de la moiſſon les recueillir avant qu'une trop grande maturité les diſpoſe à s'égrainer ; mais c'eſt là un petit avantage qui ne doit pas empêcher de profiter de la ſaiſon convenable pour faire promptement les ſemailles. Il reſte à ſavoir lequel eſt le plus avantageux de ſemer de bonne heure ou de ſemer tard. Comme il eſt toujours avantageux d'avancer les recoltes, & que d'ailleurs, il eſt d'expérience que les blés ſemés de bonne heure ſe recueillent un peu plutôt que ceux qu'on ſeme tard, il s'enſuivroit qu'il faudroit ſemer de bonne heure. On ſait que les grains ont à ſouffrir de la rigueur de l'hyver, la gelée les fatigue beaucoup ; ainſi, il faut qu'ils ayent produit affez de racines & de feuilles avant l'hyver, pour pouvoir fupporter les plus fortes gelées. Cett. rai- fon doit encore engager à femer d'affez bonne heure, fur-tout dans les pays feptentrionnaux où les gelées fe font fentir plutôt que dans les méri- dionaux. Enfin, on dit avoir remarqué que dans les années où il y a de la nielle, les grains qui ont été femés tard, y font plus expofés que les autres.

Si l'on pouvoit prévoir que l'automne fera froid, on courroit peu de rifque de femer de bonne heure; mais comme on ne peut pas deviner le temps qu'il fera, on s'expofe à des contretemps en femant trop-tôt; car les femailles étant faites de bonne heure, s'il arrive que l'automne foit hu- mide & doux, les blés pouffent tellement en verd, qu'ils rouillent quelquefois avant l'hyver, & cet accident leur caufe alors un préjudice confidérable. Le verd, que les blés ont pouffé avant l'hyver, périt dans cette faifon pour peu qu'elle foit rigoureufe; & quelques-uns penfent que les plantes épuifées par les premières productions pouffent moins vi- goureufement au printemps; mais ce fait n'eft pas fuffifamment prouvé. Enfin, fi l'on avoit tellement avancé les femences, que les grains euffent com- mencé à monter en tuyau avant l'hyver, les ge- lées qui détruiroient ces productions, fatigue- roient beaucoup les plantes qui n'auroient fouffert aucun dommage, fi elles n'avoient eu que leurs premières feuilles.

Le temps de faire les femailles, dans le climat de Genève, eft à la fin d'Août & dans tout le mois de Septembre; dans la Beauce, le Gâtinois & la *France*, on feme les fromens au commencement d'Octobre. En Limoufin & en Angoumois, c'eſt à la fin de ce mois ; aux environs de Bordeaux, c'eſt dans le mois de Décembre. On peut dire en général, que les fromens doivent être ſemés vers la mi-Octobre, & qu'il faut employer le moins de temps poſſible pour la ſemence de chaque eſpèce de grain.

Seigle.

À l'égard du ſeigle, l'on ne peut trop déterminer le temps de le ſemer : cela dépend beaucoup de la qualité du terrein. On doit enſemencer de bonne heure les terres blanchâtres qui tiennent beaucoup de la craye, & qui n'ont qu'une legere couche de terre végétale, auſſi bien que celles qui ſont graveleuſes, maigres, ſoibles & aſſez ſéches. Comme la végétation s'opère plus lentement dans ces ſortes de terres, en hâtant les ſemailles, on donne le temps au ſeigle de ſe fortifier avant les gelées. On ne riſque rien au contraire de différer les ſemailles dans les terres griſes ou brunes qui ont une certaine profondeur, & qui ſont aſſez fortes pour retenir une humidité convenable. Les bornes du temps propre aux ſemailles du ſeigle, ſont depuis la mi-Août juſqu'à la mi-Septembre. Ceux qui les retardent juſqu'à la fin de Septembre, diſent pour raiſon, qu'ils veulent éviter les inconvéniens des froids du printemps, qui ſont d'autant plus de tort aux ſeigles qu'ils ſont plus avancés ; mais cette précaution n'empêche pas qu'ils n'y ſoient ſouvent trompés ; car les gelées du printemps, dont ils veulent ſe mettre à l'abri en ſemant tard, ſont fort irrégulieres dans leur retour. Il y a des années en effet, où les froids rigoureux de cette ſaiſon peuvent faire périr les ſeigles les plus avancés ; & d'autres, où il n'eſt pas aſſez

vif pour que ces mêmes feigles puiffent geler.
Dailleurs, on eft obligé, en femant tard, d'employer beaucoup plus de grain pour la femence
que fi l'on femoit de bonne heure, parce qu'il
eft évident qu'en femant tard, le feigle a bien
moins de temps pour *taller*. On tâche alors de
regagner, par l'abondance des pieds des feigles
fimples & réduits à une ou deux tiges, ce qu'on
auroit obtenu par un moindre nombre de pieds
vigoureux & fournis de plufieurs tuyaux. Il paroît
donc qu'en général il eft avantageux de femer les
feigles de bonne heure, c'eft-à-dire, depuis la fin
d'Août jufqu'à la mi-Septembre.

Seroit-il poffible de femer après l'hyver les grains
qui doivent être femés avant cette faifon; & fi
on le faifoit, qu'en réfulteroit-il ? L'expérience
feule peut nous inftruire là-deffus. M. du Hamel
y a eu recours (*a*); & elle lui a appris qu'il eft
néceffaire que les blés foient femés vers la fin de
l'automne ou plus tard. Cependant M. du Hamel
ajoute, qu'il feroit imprudent de rien conclure d'une
feule expérience, puifqu'on fait qu'en certaines
années ce font les blés les premiers femés qui
réuffiffent le mieux, & qu'en d'autres les blés les
plus tardifs font les meilleurs.

On doit dire la même chofe de l'expérience faite
par M. Dalu, qui fema du blé de mars avant
l'hyver, & qui le vit très-bien réuffir. On auroit
tort de fe fonder fur une feule expérience pour
abandonner l'ancienne pratique. L'ufage eft donc
de ne le femer qu'après l'hyver ; & il y a appa-

Grains
de Mars.
Art. V. N°. 1.

(*a*) Mém. de l'Acad. des Sciences, *ann.* 1746, *p.* 76.

rence qu'on s'en tiendra toujours à cet usage, qui a plusieurs avantages : le premier, c'est que les travaux des Laboureurs étant plus partagés, ils en sont mieux faits. Si un Laboureur étoit obligé de labourer toutes ses terres, & de les ensemencer dans l'espace de deux mois que l'on consacre ordinairement aux semailles, il ne pourroit en venir à bout qu'en négligeant ses labours, & en ne faisant passer qu'une fois la charrue dans une terre où elle auroit dû passer plusieurs fois. Un second avantage de l'ancienne méthode, c'est que l'hyver est une espèce de repos pour les terres que l'on destine à rapporter des grains de mars. Les labours fréquens qu'on peut leur donner pendant cette saison morte, les mettent en état de profiter des influences de l'air & d'être d'un meilleur rapport. Enfin, si l'on semoit tous les grains dans la même saison, ils viendroient tous à maturité dans le même temps, & l'impossibilité où l'on seroit de les récolter tous à la fois, occasionneroit certainement une perte. On doit donc s'en tenir à l'ancienne pratique, qui est de semer les blés de mars, les avoines & les orges depuis le 15 Mars jusqu'au 15 Avril, au plus tard.

Circonstances favorables aux semailles des grains d'hyver & de Mars. Si l'on pouvoit prévoir le temps qui arrivera, on feroit bien de retarder un peu les semailles des grains d'hyver lorsqu'il a beaucoup plu, pour attendre que la terre soit ressuyée; ou bien on semeroit dans la terre très-séche quelques jours avant qu'il vînt de la pluye, parce que les grains étant toujours fort long-temps à lever lorsque la terre est séche, il y a dans cette circonstance une partie du grain qui ne germe point. Mais comme on ne peut savoir si la sécheresse durera long-temps, un

Fermier qui a une grande exploitation, doit commencer ſes ſemailles quand la ſaiſon eſt venue. Je lui ferai cependant faire une réflexion, c'eſt que celui qui ſeme au commencement de Septembre, peut être long-temps à attendre de la pluye, au lieu que celui qui ſeme en Octobre, n'en eſt pas ordinairement privé pour long-temps. Ainſi, le premier peut, dans le cas d'une ſéchereſſe, retarder ſes ſemailles ; mais l'autre fera bien de les commencer malgré la ſéchereſſe, ſe fondant en cela ſur le principe des Laboureurs, qui diſent qu'il faut ſemer le froment dans la pouſſiere, parce qu'on touche à la ſaiſon des pluyes, & les mars dans le mortier, parce que ſouvent il ſurvient de grands hâles en Avril. D'ailleurs, l'humidité dans le printemps pénètre les terres ; & en ſemant dans les terres humides les grains lèvent plus promptement. Il ſeroit dangereux de différer les ſemailles des avoines, parce que les premieres chaleurs les feroient monter en épi avant qu'elles aient produit ſuffiſamment de racines & de feuilles.

IV. Si avant que les blés ſoient bien levés, on a lieu de craindre qu'ils ſoient gelés par la racine, on s'en aſſureroit en faiſant lever à coup de pioche quelques mottes de terre dans un terrein enſemencé ; on les portera dans une cave, pour les faire dégeler : ſi on apperçoit des racines à chaque grain de blé, c'eſt une preuve qu'ils n'ont point été endommagés : dans le cas où ils l'auroient été, il ſeroit plus avantageux de retourner les terres au mois de Mars, pour y ſemer des grains de cette ſaiſon, que de ſe fonder ſur la récolte des premiers grains. Il ne faut cependant pas ſe preſſer de retourner les terres ; car c'eſt un fait que les blés

Gelée.
Art. IV. N°.
VIII.

peuvent fe conferver tiès - long - temps en terre
fans germer , & par conféquent fans fouffrir de
la gelée. On les a quelquefois vu ne lever qu'un
mois après avoir été femés. M. du Hamel dit
avoir remarqué qu'une pièce de terre , qui avoit
été femée fort tard en feigle , ne leva qu'à la fin
de Février ; que néanmoins la moiffon fut bonne ,
& que les grains étoient fuffifamment épais. Lorfque les gelées du printemps font accompagnées de
vent , elles ne font pas nuifibles aux végétaux ,
parce que le vent diffipe l'humidité , & empêche
par-là que la gelée ait prife fur les plantes. Il
ne faut donc jamais femer dans le voifinage des
bois & des montagnes qui peuvent arrêter l'action
des vents.

Neige.
Ar. IV. N°.
XI.

V. On a obfervé que la neige qui refte par floccons comme elle eft tombée , empêche plus la
gelée de pénétrer la terre , que lorfqu'elle a été
foulée. Or , comme il eft néceffaire en général
que la gelée penètre un peu , afin de fufpendre
la végétation du blé , il feroit avantageux , quand
la neige couvre la terre , de la fouler avec des
rouleaux , afin que la gelée néceffaire à la confervation du blé puiffe pénétrer. C'eft ce qu'on pratique avec fuccès en Suéde (*a*).

Grêle.
Art. IV. N°.
XIV.

VI. Lorfque la grêle a hâché les blés , il ne
faut pas encore défefpérer de la récolte; car on a
remarqué qu'ils repouffent du pied de nouvelles
tiges qui produifent de petits épis , & la récolte
peut encore être affez bonne. Il ne faut donc pas
fe preffer de retourner les terres.

Rouille.
Art. IV. N°.
XVI.

VII. La rouille qui n'attaque que les feuilles ,

(*a*) Collect. Academ. partie étrang. *tom. XI. pag.* 359.

ne

ne fait aucun tort à la plante. Les Laboureurs qui ont fait cette obſervation, ont ſoin de faire couper les feuilles rouillées; il en repouſſe de nouvelles ſur les mêmes pieds, qui proſpèrent beaucoup mieux que ceux à qui on n'a point fait ce retranchement. On peut donc *effaner* les blés quand la rouille les prend; mais cette opération ne peut ſe faire que lorſqu'ils ſont fort jeunes.

VIII. Si l'on veut éviter la coulure, qui fait quelquefois tant de tort aux blés, il faut avoir ſoin de faire de fréquens labours aux terres. On a remarqué que les grains bien cultivés étoient moins ſujets à la coulure que les autres, parce que les labours répétés entretiennent toujours la végétation dans un état de vigueur, & favoriſent la parfaite formation du grain dans toute la longueur des épis.

IX. Dans les années humides, il arrive ſouvent que les blés germent ſur pied, & qu'on eſt obligé de les ſerrer tout mouillés. Dans ce cas, il faut avoir ſoin de ne faire battre d'abord les gerbes qu'à demi ſans les délier, les entaſſer enſuite dans un coin de la grange pour achever de les battre peu-à-peu pendant le reſte de l'année; par cette pratique on en retire le meilleur grain pour les ſemailles; on a toujours de la paille fraîche, & les gerbes ainſi remuées ſe deſſéchent & ſe battent plus facilement, ſur-tout s'il vient de fortes gelées pendant l'hyver. La farine du blé *gourd* & humide ne boit pas autant d'eau en la pétriſſant, que lorſque les années ſont chaudes & les moiſſons ſéches.

X. Quand le temps du fauchage des foins eſt pluvieux, il vaut mieux remettre ce travail après les pluyes, parce que les foins pouſſent alors du

Coulure.
Art. IV. N°.
XXVII.

Blés mouillés & germés.
Art. IV. N°.
XXVII.

Foins.
Art. V. N°. IV.

pied une nouvelle herbe qui en augmente la quantité.

Arbres fruitiers. *Art. VI. N°. IV & Art. VII N°. III.*

XI. Des principes que j'ai établis fur les ravages que la gelée fait à l'égard des arbres fruitiers, il fuit, 1°. Que puifqu'il eft fi dangereux que les plantes foient attaquées par les gelées du printemps, lorfqu'elles font fort remplies d'humidité, il faut avoir attention, fur-tout pour les plantes délicates & précieufes, telles que la vigne, de ne pas les mettre dans un terrein naturellement humide, comme le fond d'une vallée, ni à l'abri du vent du nord, qui pourroit diffiper leur excès d'humidité, ni dans le voifinage d'autres plantes. C'eft donc un ufage pernicieux de planter dans des pieces de vignes différens légumes, comme des fèves, des choux, &c. On doit éviter auffi le voifinage des terres à blé qui leur en fourniront de nouvelles par leur tranfpiration, fur-tout lorfqu'elle eft nouvellement labourée ; les grands arbres même dès qu'ils font tendres à la gelée, comme les chênes doivent être compris dans cette règle. 2°. On doit donc bien fe garder, par exemple, dans les jardins de placer des plantes potagères au pied des arbres en buiffon ou le long des efpaliers ; & s'il y avoit dans le jardin des hauts & des bas, il faudra toujours avoir la précaution de femer les plantes printannières & délicates fur le haut préférablement au bas. 3°. Les jeunes arbres étant plus tendres à la gelée que ceux qui font plus gros, fans cependant être vieux, fi on veut élèver des arbres qu'on fait être dans le cas de fouffrir de la gelée, il faudra les tenir dans des ferres ou à de bons abris, jufqu'à ce qu'ils foient un peu gros. 4°. C'eft un fait que les arbres nouvellement plantés font plus fujets à être endommagés par la gelée que ceux qui n'ont point été replantés depuis plufieurs années. On fera donc bien de ne planter qu'au printemps les arbres qui ne peuvent fouffrir de grandes gelées. 5°. Il femble que pour préferver de la gelée les arbres délicats , on devroit fuivre le procédé de la nature , en les dépouillant de leurs feuilles avant le temps où ils les perdent ; la fève devenant alors moins abondante, plus lente & plus onctueufe, elle fe gelera plus difficilement , ce qui eft fondé fur ce principe que les matières graffes occupent moins de place lorfqu'elles font gelées ; & j'ai déjà dit que les ravages de la gelée ne viennent que de ce que l'eau ou la fève très - liquide étant gelée, occupe plus d'efpace, & rompt les fibres du bois. 6°. Il feroit peut-être avantageux , pour préferver la vigne des gelées du printemps , de ne pas fe preffer de la lier à l'échalas ; n'étant pas liée , elle eft plus expofée à l'action du vent qui en diffipe p\`us facilement l'humidité. J'avoue que les pampres étant plus inclinés vers la terre , faute d'échalas , contractent une plus grande humidité ; mais cela n'arrive que tard , & lorfque la gelée n'eft prefque plus à craindre pour la vigne. 7°. Lorfqu'au temps de la taille le bois de la vigne eft dur, on peut compter généralement fur une bonne recolte ; fi au contraire , la moëlle eft abondante & les boutons petits , la vigne ne fera pas riche en grappes. 8°. Il faut avoir foin d'arracher tous les grands arbres qui environnent les vignes , & qui empêchent le vent de diffiper les brouillards. 9°. De ne pas labourer les vignes dans des temps critiques , & à la veille des gelées. 10°. De ne point femer fur les fillons des vignes , des plantes potagères

qui par leur tranfpiration nuiroient à la vigne.
11°. De tenir les haies qui bordent les vignes du côté du nord plus baffes que de tout autre côté. 12°. D'amander les vignes avec des terreaux plutôt que de les fumer. 13°. Si on eft à portée de choifir un terrein, on évitera ceux qui font dans les fonds, ou dans les terreins qui tranfpirent beaucoup. 14°. Une vigne gelée au printemps a encore des reffources pour fournir une recolte médiocre; car on fait que fur les farmens, il y a toujours deux boutons à côté l'un de l'autre; un de ces boutons qui eft plus gros & qui fournit le plus gros raifin, qui s'appelle *maître-bouton*, c'eft celui qui eft le plus expofé aux gelées du printemps, parce qu'il eft plus en fève; l'autre plus petit, & qui fouvent ne s'ouvre que quand le *maître - bouton* pouffe vigoureufement, s'appelle *contre-bouton* ou *contre-coffon*; celui-ci plus tardif échappe plus fouvent à la gelée, mais rarement il produit de belles grappes. 15°. Souvent il arrive des gelées en Octobre avant que le raifin foit mûr, plufieurs prétendent qu'il vaut mieux alors attendre la fin de la gelée pour vendanger; mais l'expérience prouve qu'il eft plus avantageux de vendanger pendant la gelée; car, on attendroit vainement à le faire quinze jours ou trois femaines, il eft bien certain que le raifin n'acquerra pas un plus grand degré de maturité, il ne fera au contraire que fe deffécher, ce qui occafionneroit un déchet fur la recolte. Il y a cependant certains vins, comme les les vins blancs d'Anjou, qui ne font bons que lorfque la gelée a paffé fur le raifin.

Confervation des fruits.
Art. VI. N°. XIII.

XII. Le Fruitier, deftiné à conferver les fruits, doit être bien plus préfervé de l'humidité que de la gelée. M. du Hamel rapporte qu'en 1740 (*a*) on avoit oublié une quantité de pommes affez confiderable, dans un grenier où elles n'étoient en aucune façon à l'abri de la gelée ; il n'eft pas douteux qu'elles avoient été près de deux mois dures comme des pierres & gelées jufqu'au cœur ; cependant à la Pentecôte elles étoient auffi belles & auffi faines que celles qu'on avoit confervées avec beaucoup de foin dans la fruiterie. M. du Hamel obferve que ces pommes étoient d'une efpèce qui a toujours un goût de fauvageon, & qui fe garde très-longtemps ; peut-être la reinette & d'autres efpèces de pommes plus délicates auroient-elles été plus endommagées par la gelée.

Je termine ici le détail des conféquences-pratiques que m'a fournies, relativement à l'Agriculture, l'examen réfléchi des obfervations météorologiques faites jufqu'ici. Je pourrois en ajouter encore beaucoup d'autres ; mais en les avançant, je voudrois pouvoir les garantir, & c'eft ce que je n'oferois entreprendre ; j'efpère que mon efprit de réferve ne déplaira pas à la Société-Royale ; il faut s'attendre qu'à méfure que les obfervations fe multiplieront, il fe développera auffi un plus grand nombre de conféquences que l'on pourra ajouter à celles-ci. Elles répandront un plus grand jour fur l'art fi intéreffant de l'Agriculture ; le Cultivateur plus éclairé n'en fera que plus fûr dans fes opérations, & le Naturalifte en profitera pour étendre fes connoiffances fur le méchanifme de la végétation.

7 Juillet 1774.

(*a*) Memb. de l'Acad. des Sciences, ann. 1741 pag. 154.

F I N.

PRIX

Propofé par la Société Royale des Sciences , en conféquence d'une Délibération des Etats Generaux de la Province de Languedoc.

Pour l'année 1776.

LES Etats Généraux de la Province de Languedoc , toujours attentifs à favorifer le Commerce & les Arts , ont unanimement délibéré de donner un Prix de 1200 livres, à celui qui , au jugement de la Société Royale des Sciences , aura le mieux expliqué ,

1°. *Pourquoi la même Mine travaillée avec de la Houille ou Charbon de terre , donne un fer de qualité inférieure à celui qu'on en retire, lorfqu'elle eſt travaillée avec le Charbon de bois ?*

2°. *Quels font les moyens d'approprier le Charbon de terre aux minéraux ferrugineux , quels qu'ils foient , pour en tirer du fer propre à tous les ufages économiques , & pareil à celui qu'on retire au moyen du Charbon de bois ?*

On donnera en outre , un fecond Prix de 300 liv., à celui qui , ayant déjà traité avec fuccès ces deux premières queſtions , aura le mieux réfolu celle qui ſuit :

Ya-t-il dans les Mines de Charbon ou de Fer du Languedoc , comparées aux autres Mines des mêmes matières , quelques qualités qui rendent l'appropriation du Charbon de terre plus ou moins facile ?

Toutes Perfonnes , de quelques pays & conditions qu'elles foient , pourront travailler fur ce
fujet & concourir pour le Prix , même les Affociés
Etrangers & les Correfpondants de la Société. Elle
s'eft fait la loi d'exclure du concours les Académi-
ciens Regnicoles.

On exhorte les Auteurs à ne rien négliger de ce
qui pourra les conduire à la folution de la Queftion
propofée. L'Académie de fon côté , dans l'examen
& le jugement de leurs Ouvrages , s'efforcera de
répondre à la confiance des Etats , & d'entrer dans
les vues de M. l'Archevêque & Primat de Narbon-
ne leur illuftre Préfident , dont elle a fouvent ref-
fenti les bienfaits , & qu'elle fe glorifie de compter
au nombre de fes Membres.

Les Etrangers qui , pour faire les expériences
néceffaires fur les différens points à traiter , defire-
ront d'avoir des échantillons des principales Mines
du Languedoc , pourront aifément s'en procurer
en s'adreffant à M. de Ratte , Sécretaire perpétuel
de la Société Royale des Sciences à Montpellier ,
qui , de concert avec M. le Marquis de Montfer-
rier , Syndic-général de la Province , & Directeur
de la Compagnie , procurera auffi pour le même
objet , aux Perfonnes qui habitent le Languedoc ,
des échantillons des principales Mines étrangères. Les Etats ont pris des mefures pour que ces
divers échantillons ne manquent point à ceux qui
voudront faire des expériences & concourir pour
le prix. On prie les Perfonnes qui écriront à M.
de Ratte à cette occafion, d'affranchir le port de
leurs lettres.

Ceux qui compoferont , font invités à écrire en
françois ou en latin. On les prie d'avoir attention

que leurs écrits foient bien lifibles.

Ils ne mettront point leurs noms à leurs Ouvrages, mais feulement une Sentence ou Devife. Ils pourront attacher à leur écrit un billet féparé & cacheté, où feront avec la même Devife leurs noms, qualités & adreffe ; ce billet ne fera ouvert qu'en cas que la Pièce ait remporté le Prix.

On adreffera les Ouvrages, francs de port, à M. de Ratte, Sécretaire perpétuel de la Société Royale des Sciences à Montpellier, ou on les lui fera remettre entre les mains. Dans ce fecond cas, le Sécretaire en donnera, à celui qui les lui aura remis, fon récépiffé où feront marqués la Devife de l'Ouvrage & fon Numero, felon l'ordre ou le temps dans lequel il aura été reçu.

Les Ouvrages feront reçus jufqu'au 31 Août 1776 inclufivement.

La Société, à fon Affemblée publique, pendant la Tenue des Etats de 1776, proclamera la Pièce qui aura mérité le Prix.

S'il y a un récépiffé du Sécretaire, pour la Pièce qui aura remporté le Prix, le Tréforier de la Compagnie le délivrera à celui qui rapportera ce récépiffé. S'il n'y a pas de récépiffé du Sécretaire, le Tréforier ne délivrera le Prix qu'à l'Auteur qui fe fera connoître, ou au Porteur d'une Procuration de fa part.

Nota. il n'y a point eu de feance pu[...] devant les Etats en 1775 : mais il y en a eu deux en 1776.